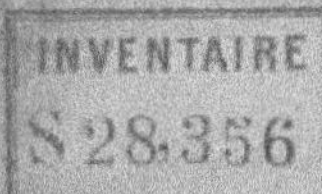

RECHERCHES

SUR LA FAUNE

DES

PREMIERS SÉDIMENTS TERTIAIRES PARISIENS

MAMMIFÈRES PACHYDERMES

DU GENRE

CORYPHODON

CARACTÈRES DE CE GENRE ET DES ESPÈCES

QU'IL RENFERME

PAR

ED. HÉBERT

Directeur des Études scientifiques et Professeur de Géologie
à l'École Normale supérieure.

(Extrait des ANNALES DES SCIENCES NATURELLES, 4e série, t. VI.)

PARIS
IMPRIMERIE DE L. MARTINET
RUE MIGNON, 2

1857

MAMMIFÈRES PACHYDERMES

DU GENRE

CORYPHODON

CARACTÈRES DE CE GENRE ET DES ESPÈCES

QU'IL RENFERME.

RECHERCHES

SUR LA FAUNE

DES

PREMIERS SÉDIMENTS TERTIAIRES PARISIENS

MAMMIFÈRES PACHYDERMES

DU GENRE

CORYPHODON

CARACTÈRES DE CE GENRE ET DES ESPÈCES

QU'IL RENFERME

PAR

Ed. HÉBERT

Directeur des Études scientifiques et Professeur de Géologie

à l'École Normale supérieure.

(Extrait des ANNALES DES SCIENCES NATURELLES, 4e série, t. VI.)

PARIS

IMPRIMERIE DE L. MARTINET

RUE MIGNON, 2

1857

RECHERCHES

SUR

LA FAUNE DES PREMIERS SÉDIMENTS TERTIAIRES PARISIENS.

MAMMIFÈRES PACHYDERMES

DU GENRE

CORYPHODON.

(Mémoire présenté à l'Académie des sciences le 26 janvier 1857.)

I. État du bassin de Paris à l'époque où ont vécu les Coryphodons.

Les plus anciens sédiments tertiaires du bassin de Paris sont les sables blancs de Rilly et les marnes lacustres à *Physa gigantea* (1). Ces dépôts se sont effectués dans une vaste dépression, s'étendant de Sézanne à Compiègne, et de Reims à Guiscard, au delà de Noyon. Le bassin de Paris qui avait été antérieurement couvert par la mer, d'abord à l'époque de la craie blanche de Meudon, puis à l'époque du calcaire pisolitique, était alors complétement hors des eaux. Le mouvement qui avait produit cette émersion avait relevé la partie orientale du bassin beaucoup plus que le bord occidental; et, par suite d'une dénudation très profonde dans la première région, les eaux du lac de Rilly, où se déposaient les marnes calcaires à *Physa gigantea*, étaient à 70 ou 80 mètres au-dessous des collines qui l'environnaient, et dont le sommet était formé sur une épaisseur de 20 à 30 mètres par le calcaire pisolitique.

A l'ouest, au contraire, les rivages du lac étaient peu élevés, et il y avait peu de différence de niveau entre le calcaire pisolitique et les sédiments lacustres. Nous avons prouvé tous ces faits en détail, aussi bien que ceux dont il nous reste à parler; nous nous contenterons donc de les rappeler.

De l'est à l'ouest, le lac occupait une surface peu différente de

(1) Voyez les publications suivantes, où nous avons établi ce fait : *Bull. de la Soc. géol. de France*, 2e série, t. V, p. 407, 1848; t. VI, p. 720, 1849; t. VIII, p. 338, 1850; t. X, p. 436, 1853; t. XI, p. 647, 1854.

celle du calcaire pisolitique; sa profondeur allait en augmentant dans la partie moyenne. La limite nord nous est encore peu connue; au sud-ouest, il n'atteignait certainement pas Paris, tandis que l'on sait que le calcaire pisolitique allait jusqu'au delà de Montereau.

On peut donc assez aisément se représenter notre bassin de Paris à cette époque : le lac placé comme nous l'avons indiqué était bordé à l'est par un sol découpé, offrant des vallées et des collines entièrement formées de craie blanche, sauf le sommet des coteaux les plus voisins; au nord-ouest, il présentait des rives plus basses, exclusivement crayeuses, le calcaire pisolitique qui s'étendait entre le lac et le pays de Bray ayant été enlevé par voie de dénudation, à l'exception de quelques points peu étendus; au sud-ouest et à l'ouest, un vaste plateau de calcaire pisolitique était très probablement accidenté par des collines et des vallées, les phénomènes de dénudation que nous avons constatés à l'est, de Sézanne à Reims, entre le calcaire lacustre de Rilly et le calcaire pisolitique, ayant sans doute produit en même temps des ravinements dans le sud-ouest du bassin. Tel était l'état de la dépression parisienne au moment où la mer tertiaire est venue l'occuper. On comprendra, sans qu'il soit besoin de le dire, que le tracé que nous donnons, pour le lac de Rilly et pour le golfe du calcaire pisolitique, est purement approximatif, et ne représente que l'état actuel de nos connaissances.

L'invasion de la mer tertiaire est venue du nord-est; elle a suivi les parties du sol les plus basses, et tout naturellement le lac a été dès l'abord atteint et détruit. Nous avons montré (1) que, lors de cette invasion, les sédiments lacustres n'étaient pas entièrement consolidés, et que la boue calcaire projetée sur les rives du lac, en même temps que les fragments de craie et des parties déjà durcies, avaient enfoui et conservé une riche flore, dont malheureusement l'étude n'a pas encore été faite. La disparition du lac coïncide donc avec l'arrivée de la mer tertiaire; mais ce changement a pu être produit par un mouvement du sol, très faible en raison du voisinage et du niveau peu différent de cette mer; tandis que l'origine du lac avait été le résultat d'un exhaussement considérable du bassin, produit, selon toute probabilité, par une oscillation lente et de longue durée, pendant laquelle des érosions puissantes avaient raviné le sol jusqu'à une profondeur de 100 mètres, enlevé la plus grande partie du calcaire pisolitique, et fortement entamé la craie sous-jacente.

(1) *Bull. de la Soc. géol. de France*, 2ᵉ série, t. VI, p. 728, 1849.

Tels sont les motifs qui nous font classer les sables blancs et le calcaire lacustre de Rilly dans le terrain tertiaire plutôt que dans le terrain crétacé. Ces deux assises représentent une époque, dont la durée est accusée, et par la différence si grande de leur nature minéralogique, qui indique de grands changements dans les conditions physiques qui ont présidé à leur dépôt, et par l'immense quantité de Mollusques terrestres et d'eau douce dont on y trouve les débris (1). Ces Mollusques diffèrent complétement de ceux des assises voisines ; il n'y a pas une seule espèce commune avec les lignites du Soissonnais, dépôts plus récents, renfermant également des sédiments lacustres, avec lesquels quelques géologues ont confondu les marnes et les calcaires de Rilly.

Une circonstance singulière, c'est que pas un débris de Vertébrés n'a encore été signalé avec ces Mollusques, aucun Poisson, aucun débris de Tortues ou de Crocodiles, si abondants dans les lignites du Soissonnais, ou à la base de l'argile plastique ; à plus forte raison aucune trace ni d'Oiseaux, ni de Mammifères. Il n'y a donc jusqu'à ce jour (2) aucun fait qui prouve que les animaux, qui peuplaient le bassin de Paris à l'époque où s'est formé le conglomérat de Meudon, existassent non-seulement pendant la durée du lac, mais même au moment où l'invasion de la mer tertiaire a eu lieu au nord-est du bassin ; car, si l'on conçoit que les Oiseaux et les Mammifères aient pu par leur organisation échapper à ce danger, au moins les débris de Tortues et de Crocodiles se retrouveraient dans le conglomérat formé lors de cette invasion, avec les fragments roulés du calcaire à *Physa gigantea* et de la craie, comme ils se retrouvent à Meudon dans un dépôt formé sous des conditions semblables.

Nous arrivons ainsi par une série d'observations et de déductions, d'une part, à déterminer le moment précis de l'apparition, dans le bassin de Paris, des premiers Mammifères, avec leur cortége de *Gastornis*, de Crocodiles, de Tortues, etc., et de l'autre, à nous rendre compte des phénomènes qui ont causé leur destruction. En effet, à partir du moment où la mer, pénétrant au N.-E. du bassin, laisse déposer dans les larges sillons qu'elle s'est creusés la partie inférieure des sables du Soissonnais, connue sous le nom de *Sables de Bracheux*, lesquels sont antérieurs, comme nous l'avons démon-

(1) Ces Mollusques ont été décrits et figurés par M. de Boissy dans les *Mém. de la Soc. géol. de France*, 2ᵉ série, t. III, p. 267 ; 1848

(2) *Comptes rendus*, t. XL, p. 1214, 4 juin 1855.

tré (1), aux lignites et à l'argile plastique, nous la voyons s'avancer progressivement vers le sud, raviner le sol et en rouler les débris qu'elle accumule sur les rivages. On peut encore aujourd'hui voir ces ravinements et ces accumulations de cailloux roulés à Bougival, à Meudon, à Passy, etc. Nous avons essayé de les représenter graphiquement (2) dans un Mémoire, qui avait pour objet principal l'étude des relations stratigraphiques que présentent entre elles les assises si variables dont se compose la base de notre terrain tertiaire inférieur.

Ces accumulations de galets ne se voient que dans les lieux où la nappe solide que formait le calcaire pisolitique a été entamée. On y trouve des blocs de calcaire pisolitique usés sur place, d'un volume considérable, qui atteignent quelquefois un mètre cube, mais jamais d'ossements. Elles ont évidemment été formées sous l'action d'eaux assez fortement agitées. Mais aussitôt qu'on arrive à des parties du sol où le calcaire pisolitique a résisté, et où il forme un banc continu plus ou moins épais, c'est tout autre chose. Là, et c'est le cas de Meudon et du gazomètre de Passy, la surface du calcaire pisolitique est restée horizontale, ravinée seulement par des trous peu profonds, irréguliers, qui n'ont point traversé le banc et auquel ils donnent l'apparence de certaines plages rocheuses de nos côtes.

C'est sur cette surface irrégulière que se trouve, formant une couche épaisse de 1 à 3 décimètres environ, le conglomérat ossifère. Plus de gros galets, mais des petits fragments de craie et de calcaire pisolitique, cimentés par l'argile qui recouvre la couche, et une quantité prodigieuse de débris d'os roulés et de végétaux. Au-dessus de cette couche, une argile très pyriteuse avec cristaux de gypse renferme encore, sur une épaisseur variable de 1 à 3 mètres, à la base, quelques os entiers (tibia et fémur du Gastornis, fémur du Coryphodon, etc.) empâtés dans du sulfate de chaux en gros cristaux ; et, dans toute la masse, des végétaux brisés, couchés horizontalement et présentant quelquefois l'aspect d'une forêt submergée et déracinée par les eaux. Ce n'est qu'au-dessus de cette couche que commence l'argile plastique pure, qui est elle-même recouverte par les argiles ligniteuses (*fausses glaises*) contemporaines des lignites du Soissonnais, qu'il ne faut pas confondre avec les couches ligniteuses à *Gastornis*. Celles-ci renferment exactement les mêmes ossements, moins roulés et moins nombreux que la couche mince de conglomérat qui est au-

(1) *Bull. de la Soc. géol.*, t. V, VI, VII, X et XI, *loc. cit.*

(2) *Bull. de la Soc. géol.*, 2ᵉ série, t. XI, p. 448.

dessous. La nature de ces fossiles achèvera de nous faire comprendre ce que les observations stratigraphiques peuvent nous apprendre relativement aux circonstances dans lesquelles ce dépôt s'est formé.

La stratification de ces couches indique que les argiles se sont déposées immédiatement après le conglomérat et ont enfoui les mêmes animaux. Le conglomérat ossifère est donc le commencement de l'époque de l'argile plastique. La faune de ce conglomérat, dont nous pouvons nous représenter la nature, non-seulement par les espèces qui la composent, mais aussi par le grand nombre d'individus réunis que suppose l'incroyable quantité de débris qu'on trouve sur une étendue de terrain de quelques mètres de superficie, renferme :

1° Plusieurs espèces de Carnassiers et de Pachydermes. L'un de ces Pachydermes, dont il sera plus particulièrement question dans ce travail, appartient au genre *Coryphodon*, Owen ; et par les matériaux que nous avons à notre disposition, il est représenté par plus de quatre individus.

2° Plusieurs espèces d'Oiseaux, dont le *Gastornis* est représenté aujourd'hui dans la collection de l'École Normale par des fragments appartenant au moins à six individus différents.

3° Reptiles : deux espèces de Trionyx, Crocodiles ; ces deux genres représentés par des espèces de très grande taille.

4° Mollusques : Anodontes, Paludines, Cérites (deux espèces). Ces Cérites ne sont pas ceux des lignites ; ils se rapprochent davantage de certaines espèces des sables de Châlons-sur-Vesle, inférieurs aux lignites. Leur forme, très éloignée de celle des *Potamides*, indique qu'ils ont vécu dans des eaux salées.

Indépendamment des fossiles précédents qui, en raison de l'état dans lequel on les rencontre, sont évidemment contemporains du conglomérat, on y trouve encore des dents et des vestiges de poissons (*Lamna*, *Sphyrna*, *Pycnodus*, etc.) ; mais ces débris, très usés et paraissant se rapporter à des espèces du calcaire pisolitique, pourraient bien provenir de cette assise remaniée, comme cela est incontestable pour des Huîtres et des Échinides qui les accompagnent, et dont la détermination ne peut laisser aucun doute.

Ainsi donc, au moment où la mer, s'avançant du Nord au Sud, a atteint Paris et y a amené des coquilles marines, cette région, dont l'orographie et la forme générale étaient encore telles que nous avons essayé de nous le représenter à l'époque du lac de Rilly, était couverte de marécages boisés, dont les débris carbonisés subsistent aujourd'hui, là où le mouvement violent des eaux ne les a pas enlevés et dispersés. Au milieu de ces marécages, vivaient des Carnassiers, des Pachydermes plus grands que le Tapir, des Oiseaux gigantesques aux formes massives, etc. Un cours d'eau venant du Sud y apportait des Anodontes et des Paludines, et à l'embouchure se plaisaient les Tortues Trionyx et les Crocodiles.

C'est à ce moment que l'observation nous montre l'arrivée des argiles plastiques. Les premières assises, comme on peut le voir à Meudon, en sont irrégulières, fortement ondulées, avec des lits de végétaux carbonisés ; elles indiquent une invasion tumultueuse des eaux, un enfouissement subit des végétaux enlevés au sol. Entre cette irruption venant du Sud et la mer, dont les flots battaient le sol en brèche, les animaux surpris dans leur retraite ont été anéantis. Leurs squelettes, tantôt repris par la mer qui gagnait toujours du terrain, ont été réduits pour la plupart à cet état de fragments roulés où nous les voyons à Meudon; tantôt, comme à Passy, protégés par les arbres renversés autour d'eux, ils nous ont été transmis dans un meilleur état de conservation. Ces faits sont postérieurs au dépôt des premières assises des sables du Soissonnais, contemporains de la fin de ce dépôt, et antérieurs à l'argile plastique. Ils nous donnent la date précise de l'existence des premiers Mammifères tertiaires que nous connaissions (1).

L'étude de ces mammifères a donc, non-seulement pour la géologie de notre contrée, mais aussi pour l'histoire de l'apparition sur le globe des êtres les plus parfaits, une haute importance. Nous aurions désiré pour cette étude une autorité plus compétente que la nôtre; mais désespérant de voir notre attente satisfaite assez tôt, nous avons choisi, parmi ces animaux, le plus remarquable par sa taille, celui dont nous avons réuni le plus de débris, le *Coryphodon*, qui se rencontre non-seulement à Meudon, mais encore dans les lignites du Soissonnais, et avec tout le soin possible nous avons essayé d'exécuter ce travail dont le résultat était nécessaire à nos recherches de géologie pure.

Notre résolution prise, nous avons trouvé partout le plus généreux concours : au Muséum, M. le professeur Serres a bien voulu mettre à notre disposition une série de pièces très précieuses, recueillies par MM. Graves et de Courval dans les lignites du

(1) En exceptant toutefois l'*Artocyon primævus* Blainv., de La Fère, qui pourrait appartenir à une couche plus ancienne.

Soissonnais, et décrites et figurées par de Blainville (1); M. de Courval nous a communiqué un grand nombre de fragments d'os recueillis par ses soins dans la cendrière de Guny près de Coucy-le-Château (Aisne); M. de Verneuil nous a confié une belle série de dents et divers fragments trouvés dans la cendrière de Saron, près Pont-Saint-Maxence. Nous avons reconnu que tous ces débris appartiennent à la même assise géologique que ceux décrits par de Blainville, et sont aussi de la même espèce; mais cette espèce est très distincte de celle du conglomérat de Meudon, comme nous l'avions annoncé (2) et comme nous le prouverons avec tous les détails nécessaires; et il en résulte que le genre *Coryphodon* se trouve ainsi représenté par deux espèces différentes, à deux niveaux différents, l'un immédiatement inférieur à l'argile plastique, l'autre immédiatement supérieur : niveaux d'ailleurs tellement voisins qu'on les confond souvent l'un avec l'autre. Les collections du Muséum, de l'École Normale, et de M. de Verneuil nous ont fourni à elles seules 80 dents qui nous ont permis de reconstituer toute la série dentaire.

A ces matériaux si importants nous devons ajouter plusieurs fragments de radius, de fémur etc., communiqués par M. Paul de Berville, et surtout le magnifique fémur, dont nous avons déjà présenté à l'Académie la moitié inférieure qui nous avait été confiée par M. G. de Lorière. Depuis nous avons pu retrouver la moitié supérieure dans la collection de M. le capitaine Lehon, à Bruxelles. Ces deux moitiés avaient été recueillies le même jour à Meudon, il y a plusieurs années, la première par M. de Lorière, la seconde par une autre personne des mains de laquelle elle est passée dans le cabinet de M. Lehon. MM. de Lorière et Lehon, sachant que nous nous occupions de l'étude du Coryphodon, se sont empressés de faire don à la collection de l'École Normale de ces morceaux précieux. Ce généreux désintéressement, inspiré par un dévouement éclairé à la science, permettra aux savants de trouver réunis ces types si intéressants, à côté du tibia du *Gastornis* dont nous sommes redevables à M. Planté, du fémur du même Oiseau et des autres matériaux recueillis par nos soins dans le conglomérat de l'argile plastique.

Qu'il nous soit donc permis de témoigner hautement notre recon-

(1) *Ostéographie, Mammifères Ongulogrades*, p. 105 et 117; atlas, *G. Anthracotherium*, Pl. I et III.

(2) *Comptes rendus de l'Académie des sciences*, t. XL, p. 1216, 4 juin 1855.

naissance pour tous ces dons, pour toutes ces communications qui ont rendu nos études plus complètes et plus intéressantes.

L'animal auquel appartiennent ces débris, classé par Cuvier dans les *Lophiodons*, considéré comme un nouveau type générique par M. Owen, relégué parmi les sous-genres par M. Paul Gervais (1), peut donc être aujourd'hui caractérisé beaucoup plus complétement.

C'est ce que nous essaierons de faire en examinant l'ensemble des matériaux aujourd'hui connus, pour en tirer, s'il y a lieu, les caractères génériques, puis en signalant les distinctions spécifiques que nous avons déjà annoncées.

Nous ferons précéder cette étude d'une revue rapide des connaissances déjà acquises sur cette matière, des matériaux déjà connus, et de ceux dont des recherches plus récentes ont amené la découverte.

II. Matériaux qui ont servi de base a ce travail.

1° *Molaire citée par Cuvier.* — Dans les *Recherches sur les ossements fossiles* (4e édit., t. III, p. 399) se trouve mentionnée et figurée (Pl. 77, fig. 6) « une dent trouvée, en 1807, dans une sablon- » nière entre Soissons et la vallée de Vauxbuin, à la profondeur de » quelques pieds. Il y avait, dit-on, le corps entier de l'animal, » long et gros à peu près comme un Taureau. » Cette dent fut seule conservée. Cuvier la donne comme dernière molaire supérieure. On verra, en la comparant à celles que nous décrivons, qu'elle est l'avant-dernière. De Blainville (*Ostéographie*, *Anthracotherium*, Pl. III) a d'ailleurs placé dans cette position une dent semblable à celle de Soissons.

Cuvier avait trouvé entre cette molaire et celles des grands Lophiodons beaucoup de ressemblance.

2° *Fragment de fémur.* — Un peu plus loin, Cuvier (*loc. cit.*, p. 411, Pl. 79, fig. 5, 6, 7) signale un fragment de fémur à trois trochanters, et un fragment d'humérus provenant des terres noires (*lignites*) du Laonnais. Le fémur lui paraît sans aucun doute appartenir à un animal de la même famille.

Quant à l'humérus, bien que, par la forme, il lui paraisse se rapprocher du Daman, Cuvier n'ose le rapporter à la même espèce que le fémur, et, dans sa récapitulation (p. 421), il le laisse parmi les pièces douteuses. Nous verrons, en effet, que l'humérus des Coryphodons est complétement différent.

(1) *Zool. et Pal. françaises*, t. I, p. 53.

3° *Arrière-molaire inférieure décrite par M. Owen.* — En 1846 M. Owen (1) décrit et figure un fragment de mandibule droite, dragué du fond de la mer sur la côte d'Essex, et contenant la dernière et une partie de l'avant-dernière molaire. Les caractères de cette dent, voisine d'ailleurs de celles des Lophiodons, décrits avec détail et précision par le savant zoologiste, lui paraissent cependant assez distincts pour légitimer une coupe générique. M. Owen créa donc le genre *Coryphodon*, et donna à l'espèce le nom de *Coryphodon eocænus*.

4° *Canine inférieure.* — M. Owen a aussi fait connaître (2) une canine droite inférieure, extraite d'un puits de 160 pieds de profondeur ouvert à travers le *plastic clay*, qu'il suppose appartenir au *Coryphodon* plutôt qu'à tout autre genre.

Relativement au gisement de ces pièces, on ne peut s'empêcher de faire remarquer qu'il est très peu déterminé, et qu'il est difficile jusqu'ici d'en tirer quelques conséquences géologiques bien précises.

Une troisième pièce, une phalange médiane, que figure M. Owen à côté des précédentes, mais sans la rapporter précisément au Coryphodon, ne présente rien, en effet, qui puisse autoriser ou exclure ce rapprochement. Nous nous bornerons à la mentionner.

5° *Os incisifs, incisives, canines, molaires supérieures, etc., décrits par de Blainville.* — Peu de temps après, de Blainville (3) a discuté le travail de M. Owen; et, tout en ne regardant pas comme suffisantes pour l'établissement d'un genre les différences signalées par M. Owen, il reconnaît cependant que le fragment de mandibule indique une forme animale particulière.

Après avoir rappelé (p. 105) les fragments mentionnés par Cuvier comme appartenant au Lophiodon du Soissonnais et du Laonnais, il décrit un peu plus loin (p. 117) un certain nombre de pièces importantes recueillies par MM. Graves et de Courval dans les lignites du Soissonnais. Ces pièces sont : 1° deux os incisifs du même individu et séparés, portant la deuxième incisive et l'alvéole des deux autres, et une première incisive séparée ; 2° une canine supposée supérieure ; 3° cinq molaires supérieures (1re, 4e, 5e, 6e et 7e) ; 4° cinq molaires inférieures représentées par huit pièces (2e et 3e encore implantées dans un fragment de mâchoire, 4e, 5e et 6e). Il pense que la première

(1) Owen, *A history of British fossils, mammals and birds*, p. 299.

(2) *Loc. cit.*, p. 306.

(3) *Ostéographie, Mammifères Ongulogrades*, p. 107 ; *Anthracotherium*, Pl. III, décembre 1846.

prémolaire pourrait bien avoir eu deux racines, ce qui n'existe dans aucun Palæothérium ; 5° un fragment de mandibule montrant une partie de la branche montante ; 6° deux phalanges d'un doigt médian.

Il mentionne seulement le fragment de fémur comme se rapprochant des Palæothériums, et celui d'humérus comme tout à fait incertain.

Toutes ces pièces ont été figurées (*G. Anthracotherium*, Pl. I et Pl. III) sous le nom de *Lophiodon du Laonnais et du Soissonnais*.

En raison de l'analogie que ces pièces lui paraissent avoir avec l'*Anthracotherium velaunum*, il nomme le Lophiodon du Soissonnais *L. anthracoïdeum*, et il rapporte à cette espèce quelques dents recueillies à Meudon.

6° *Dents recueillies à Meudon par M. Charles d'Orbigny* (1). — Nous considérons comme appartenant au genre Coryphodon onze dents rapportées alors au *G. Anthracotherium* (grande espèce), et deux dents rapportées au *G. Lophiodon*. Nous pensons que huit des dents figurées par de Blainville (*Anthracotherium*, Pl. III) sous le nom de *Lophiodon de Paris*, proviennent de Meudon. Nous les reconnaissons comme semblables à celles que nous avons recueillies dans le conglomérat (2), et nous avons pu en examiner quelques-unes dans les galeries de géologie du Muséum.

M. Gervais a réuni dans le sous-genre *Coryphodon*, et sous la désignation spécifique de *C. anthracoïdeum*, toutes les pièces que nous venons de citer, en laissant toutefois du doute sur l'identité du Coryphodon d'Angleterre et de celui du bassin de Paris. Il a alors caractérisé le sous-genre : 1° par l'absence du troisième lobe à la dernière molaire ; 2° par les fausses molaires supérieures assez différentes des vraies molaires, plus petites, et formées de deux crêtes curvilignes concentriques.

Aux matériaux que nous venons d'indiquer, nous avons pu joindre des pièces nombreuses et importantes. Ce sont d'abord vingt-deux

(1) *Bull. de la Soc. géol. de France*, 1re série, t. VII, p. 287 ; 1836.

(2) Seulement de Blainville donne (p. 103), comme premières molaires supérieures, deux dents, dont l'une est une première molaire inférieure, et l'autre une deuxième incisive inférieure, et comme première molaire d'en bas, une canine inférieure. — La canine et l'incisive sont encore dans les vitrines de la galerie de géologie. — La prémolaire est tout à fait semblable à celle que nous figurons Pl. IV, fig. 1.

dents assez entières, et un certain nombre de fragments de dents, un morceau de mâchoire inférieure montrant la barre, et beaucoup d'autres morceaux moins déterminables : toutes ces pièces provenant des lignites du Soissonnais exploités à Saron, près Pont-Sainte-Maxence, appartiennent à M. de Verneuil. En second lieu, trente-trois dents, des fragments de fémur, plusieurs phalanges recueillies par nos soins dans le conglomérat de Meudon et de Passy, le beau fémur dont nous avons donné l'histoire, et beaucoup d'autres pièces que nous mentionnerons en leur lieu.

Nous avons donc pu étudier comparativement le système dentaire aussi bien que le fémur du Coryphodon de Meudon et de celui des lignites, et même quelques autres parties du squelette. Nous avons reconnu que la distinction spécifique que nous avions annoncée était parfaitement exacte. Nous la justifierons dans ce travail. De plus il est à peine possible d'apercevoir de légères différences entre le fragment de mandibule qui a servi de type à M. Owen pour l'établissement de son *Coryphodon eocænus*, et dont M. Lartet a bien voulu nous confier un moule en plâtre, qu'il doit à l'obligeance de M. Waterhouse, et les parties correspondantes, inconnues à de Blainville, du Coryphodon des lignites qui lui a servi de type pour son *Lophiodon anthracoïdeum*. Nous identifierons donc ces deux espèces, en prévenant toutefois que le système dentaire du *C. eocænus* n'étant connu que par une seule dent, nous ne pouvons garantir que l'identité se maintiendra dans les autres; c'est cependant extrêmement probable. Dans tous les cas, comme il n'y a aucune raison de tirer de ce qui nous est connu la moindre différence spécifique, il est impossible de conserver les deux noms, et nous devons adopter le plus ancien, celui de *C. eocænus*. En second lieu, l'espèce du conglomérat de Meudon diffère essentiellement de l'autre, et cette différence est accusée nettement, même par l'arrière-molaire inférieure. Aucun auteur n'a encore étudié cette espèce, bien que quelques pièces aient été accessoirement figurées par de Blainville. Pour rendre hommage au talent et à la sagacité du grand zoologiste anglais, auquel nous devons la création de ce genre, qui offre, comme nous le verrons, tant de différences avec les Lophiodons, bien qu'il appartienne à la même famille, nous lui donnerons le nom de *Coryphodon Oweni*.

III. Caractères du genre Coryphodon. Des affinités et des différences qu'il présente avec les Lophiodons et les Tapirs.

Nous commencerons par le système dentaire, en étudiant d'abord les molaires, puis les canines et les incisives. Il nous a paru, en effet, que pour tous les animaux voisins des Tapirs ou des Rhinocéros, c'était là l'ordre d'importance des caractères fournis par les dents ; et comme c'est à une dent de la mâchoire inférieure qu'est dû l'établissement du genre, nous débuterons par les molaires inférieures. C'est d'ailleurs par ces molaires que le Coryphodon se rapproche le plus des Lophiodons et des Tapirs, avec lesquels nous avons à le comparer.

Molaires inférieures. — Arrière-molaires.

Pl. III, fig. 1-8.

Explication des figures. — Fig. 1^a, dernière molaire gauche, vue de face ; fig. 2^c, autre dernière gauche, vue par le côté interne ; fig. 2^d, la même, vue par le côté postérieur ; fig. 3^a, autre dernière molaire gauche, vue de face ; fig. 3^c, la même, vue par le côté interne ; fig. 4^d, moitié postérieure d'une autre dernière gauche, vue par le côté postérieur ; fig. 5, avant-dernière molaire droite, vue de face et par le côté externe ; fig. 6^b, avant-dernière gauche, vue par le côté externe ; fig. 7, antépénultième gauche, vue de face et par le côté externe ; fig. 8^b, antépénultième droite, vue par le côté externe.

M. Owen (1) a donné les caractères de la dernière molaire avec une grande exactitude. Nous retrouvons ces caractères sur cinq dernières molaires entières, et même sur un certain nombre de fragments. Trois de ces dents sont tout à fait identiques avec celles du *Coryphodon eocænus*, ce sont celles qui proviennent des lignites du Soissonnais; les deux autres présentent des différences que nous signalerons plus tard. En outre, quelques-uns de ces caractères sont communs à toutes les arrière-molaires que nous avons pu examiner, au nombre de dix- neuf, ce sont les caractères génériques. Les autres varient selon la place occupée par la dent, et aussi d'une espèce à l'autre.

Les caractères que présente une arrière-molaire de Coryphodon sont les suivants : deux collines transverses (Pl. III, fig. 5), même dans la dernière (fig. 1 et 3), qui en a trois chez les Lophiodons. A

(1) *Loc. cit.*, p. 299.

chacune de ces collines, dont le sommet est tranchant et aboutit à deux pointes coniques élevées, l'une interne, l'autre externe, part de la pointe externe une crête qui descend obliquement en avant. La crête postérieure vient se terminer au milieu du sillon qui sépare les deux collines ; elle est moins oblique en dedans chez les Lophiodons. La crête antérieure se prolonge jusqu'à l'angle interne antérieur de la base de la couronne, elle ne se rend qu'à l'angle antérieur externe dans les Lophiodons, ce qui donne à cet angle μ une configuration différente dans les deux genres ; il est plus comprimé dans le Coryphodon.

Les collines transverses sont plus concaves que dans les Lophiodons, les pointes étant plus saillantes. La pointe interne est plus haute que l'externe.

La colline postérieure est notablement plus basse que l'antérieure ; elles sont presque égales dans le Lophiodon.

La dernière molaire (fig. 1, 2, 3) diffère des précédentes en ce que la colline transverse postérieure est tricuspide. Le bord tranchant réunissant les pointes externe et interne ne s'étend pas à travers la couronne, parallèlement à la colline antérieure, mais forme en arrière un angle dont le sommet constitue une troisième pointe.

Malgré cet élargissement en arrière, le diamètre antéro-postérieur de la dernière molaire diffère beaucoup moins de celui de la précédente que chez les Lophiodons, ce qui tient à l'absence du troisième lobe.

La seconde arrière-molaire, facile à distinguer de la troisième ou dernière, diffère de la première par sa taille beaucoup plus considérable, une plus grande inégalité dans la hauteur des collines, et un plus grand angle fait par la crête oblique antérieure avec la colline transverse.

Les molaires qui nous ont servi pour cette étude sont au nombre de 19 entières et de 4 moitiés, parmi lesquelles sont 7 dernières molaires entières, 2 moitiés postérieures et 1 antérieure ; 4 avant-dernières entières et 1 moitié postérieure ; 4 antépénultièmes entières et 3 moitiés.

Molaires inférieures. — Prémolaires.

Pl. III, fig. 9 à 12 ; et Pl. IV, fig. 1.

Chez les Lophiodons, les prémolaires inférieures sont comme chez les Tapirs, peu différentes des arrière-molaires, à l'exception de la première qui est la plus longue dans le Tapir, tandis qu'elle est la plus courte chez les Lophiodons. Mais de plus, la colline postérieure est beaucoup atténuée, et par exemple dans le *Lophiodon parisiense*, elle ne forme plus qu'un talon dont l'arête saillante ne dépasse pas la base de la couronne de la dent suivante.

Dans le Tapir, les deux collines restent égales en hauteur; la première prémolaire s'allonge par une plus grande obliquité de la colline antérieure dont les deux pointes se séparent, et par l'adjonction en avant d'un lobe acuminé au sommet, tranchant au bord antérieur, en sorte que cette dent a cinq pointes.

La première prémolaire du *Lophiodon parisiense* a sa colline postérieure réduite à un talon peu saillant, et sa colline antérieure réduite à une pointe unique et formant un lobe caréné à son bord antérieur. Toutes ces dégradations se font pour ainsi dire par degrés insensibles.

Une loi tout à fait semblable unit aux arrière-molaires les prémolaires inférieures du *Coryphodon*, et nous permettrait de les reconnaître sans aucune incertitude, quand même on ne pourrait observer aucune de ces dents en place. Mais ici, nous sommes plus heureux: une prémolaire inférieure, figurée par de Blainville (1), se trouve encore implantée dans un fragment de la mandibule.

Indépendamment de ce morceau, nous trouvons quatre autres prémolaires inférieures dans la collection du Muséum, quatre dans celle de M. de Verneuil, et deux dans celle de l'École Normale.

On peut aisément constater qu'il y avait quatre prémolaires, car ces onze dents présentent quatre formes distinctes, quoique dérivant du même type et passant de l'une à l'autre par degrés successifs. Nous avons fait figurer (Pl. III, fig. 9, 10, 11 et 12) un exemplaire de chacune de ces formes: fig. 9 est la quatrième prémolaire gauche; fig. 10 est la troisième droite; fig. 11 est la deuxième droite, et fig. 12 la première gauche.

L'examen de ces pièces nous montre que la colline postérieure, déjà plus basse que l'antérieure dans les arrière-molaires, disparaît dans les prémolaires, mais en laissant subsister la crête oblique qui la rattachait à l'antérieure; seulement cette crête est portée un peu plus à l'intérieur. La colline antérieure devient plus oblique, et l'es-

(1) De Blainville a figuré deux prémolaires sur ce morceau, mais une seule lui appartenait

pace compris entre le sommet de la colline et la crête qui se rend à l'angle interne antérieur, augmente de largeur. Cette obliquité se prononce de plus en plus à mesure que l'on avance de la dernière à la première.

En même temps les deux pointes de la colline antérieure, inégales dans les arrière-molaires, l'interne étant la plus saillante, deviennent à peu près égales sur la dernière prémolaire, l'externe dépassant un peu l'interne; mais l'externe devient très prédominante sur l'avant-dernière, la pointe interne devenant obtuse et dépassant peu le sommet de l'angle antérieur interne de la dent, s'en approchant plus encore sur la deuxième, et se réduisant exactement à la même dimension sur la première.

Chacune de ces prémolaires est usée par les supérieures au côté antérieur et au côté postérieur, à l'exception de la première qui ne l'est qu'en arrière.

Toutes ces prémolaires se suivent et se touchent; cela nous est démontré par le petit fragment de mandibule de la collection du Muséum, qui porte d'après les caractères assignés ci-dessus, non pas une deuxième et une troisième, mais une deuxième et la racine d'une première.

L'hypothèse faite par de Blainville, que la première prémolaire devait être distante des autres et en crochet, n'est donc pas fondée. De Blainville, qui voyait entre l'animal que nous décrivons et l'*Anthracotherium* une analogie beaucoup trop prononcée, avait également supposé à ce dernier une barre entre les deux premières molaires. M. Bayle (1) a montré que cette barre n'existe pas.

Considérées en elles-mêmes, les prémolaires inférieures ont une forme triquètre; elles se composent d'une pyramide triangulaire présentant une arête obtuse, arrondie à l'extérieur, deux arêtes tranchantes à l'intérieur, comprenant entre elles une surface concave avec deux renflements latéraux à la base. La base de la pyramide s'élargit en arrière et se relève sous forme de talon, du sommet duquel part une petite crête saillante, qui remonte le long de la face postérieure de la pyramide, et se termine vers le milieu de l'arête postérieure.

Les prémolaires inférieures présentent leur face élargie et concave en dedans, c'est l'inverse pour les supérieures.

(1) *Bulletin de la Société géologique de France*, 2e série, t. XII, p. 942, Pl. XXII, fig. 1.

Les prémolaires déterminables que nous avons eues à notre disposition se rapportent :

3 à la 1re (2 gauches et 1 droite).
4 à la 2e (2 droites et 1 gauche).
2 à la 3e (côté droit).
2 à la 4e (1 gauche et 1 droite).

Molaires supérieures. — Arrière-molaires.

Pl. III, fig. 13, *A*, *B*, *C*; fig. 14, 15, 16 et 17.

Il existe à notre connaissance 18 arrière-molaires supérieures de Coryphodon.

De Blainville en a figuré et décrit cinq, provenant des lignites du Soissonnais, sur sept qu'il suppose exister chez son *Lophiodon anthracoïdeum*, savoir : les 1re, 4e, 5e, 6e et 7e.

Nous avons été assez heureux pour recueillir à Meudon les quatre dernières molaires gauches d'un même individu, isolées il est vrai, mais s'adaptant exactement l'une à l'autre ; ces molaires sont figurées Pl. I, fig. 13 (1). La dernière *A* est encore implantée dans un fragment de la mâchoire qui porte l'empreinte de l'avant-dernière *B*. Chacune de ces quatre dents présente aussi, au point où elle touchait sa voisine, une empreinte dont la forme et la grandeur, se répétant sur l'autre dent, nous ont permis de les rapprocher.

Ces rapprochements ont pleinement confirmé la succession des quatre dernières molaires, telle que de Blainville l'avait établie par l'analogie. On peut s'en convaincre en examinant les figures 14, 15, 16, 17 et 18, qui se rapportent au *C. eocænus* : fig. 14 est une dernière molaire droite ; fig. 15 et 16 sont des avant-dernières gauches ; fig. 17 est une antépénultième droite ; fig. 18 est une dernière prémolaire droite.

Les trois arrière-molaires de Meudon ont la même forme que celles figurées par de Blainville ; elles présentent seulement, outre leur taille plus petite à peu près dans le même rapport (2), des différences

(1) Fig. 13a, les quatre molaires, vues de face ; fig. 13b, les mêmes, vues du côté externe ; fig. 13c, fragment portant la dernière molaire A, vu par le côté postérieur.

(2) La dernière molaire fig. 14, que nous avons fait figurer à cause de son état de conservation, est la plus petite des sept que l'on possède. Les autres ont 3 à 4 millimètres de plus dans le sens transverse.

qui viennent confirmer la distinction spécifique précédemment établie et que nous détaillerons plus tard.

Mais elles diffèrent considérablement des molaires des Lophiodons, même des plus anciens, ceux dont on trouve les débris à la partie supérieure des sables du Soissonnais, dans le conglomérat à Unios et à Térédines du mont Bernon et de Cuys, près Épernay. Ces derniers ont exactement les mêmes molaires que ceux du calcaire grossier et des autres localités, où les Lophiodons ont été signalés. La forme générale, ou plutôt la forme générique est la même ; il n'y a que des différences particulières qui, quoique légères, sont cependant caractéristiques pour les espèces.

Pour le Coryphodon, il n'en est plus ainsi, comme nous allons le montrer. Mais, pour comparer les arrière-molaires des Coryphodons à celles des Lophiodons, nous éprouvons un certain embarras, car elles présentent des formes bien autrement différentes que les molaires inférieures ; et bien qu'il soit possible de dériver les unes des autres, en raison de cette grande différence, il y aurait sans doute plusieurs manières de concevoir cette dérivation. Voici celle que nous adopterons. Le principal caractère des molaires des Tapirs, des Rhinocéros, des Lophiodons, etc., c'est de présenter en haut et en bas deux collines transverses qui viennent s'interposer de façon à hacher les aliments. Chez les Coryphodons, des collines tout à fait semblables à celles des Lophiodons existent aux molaires inférieures ; ces collines viennent se placer dans des sillons ouverts entre d'autres collines saillantes, $\alpha\beta$, $\alpha'\beta'$, sur les molaires supérieures. Ces collines, $\alpha\beta$, $\alpha'\beta'$ (fig. 13, 14 et 15) jouent donc chez les Coryphodons le même rôle que les collines transverses des molaires supérieures des Tapirs, des Lophiodons, etc. Nous les considérerons donc comme les analogues, bien que la colline postérieure, $\alpha'\beta'$, ait, par rapport au bord externe, une disposition tout autre.

Cela posé, on sait que, dans le genre Lophiodon, qui diffère des Tapirs par six molaires supérieures au lieu de sept, ses fortes canines et ses incisives égales, les deux collines transverses des arrière-molaires supérieures sont, comme dans les Tapirs, parallèles, de même hauteur, reliées au côté externe par un bord tricuspide. La pointe antérieure, très forte, a la forme d'un tubercule conique, isolé à son extrémité supérieure du reste de la dent ; la colline antérieure se rattache à la pointe médiane en se courbant fortement en arrière à son extrémité externe ; enfin la colline postérieure se lie de la même manière à la troisième pointe. Cette disposition reste constante, même sur la dernière molaire, bien que sa forme soit plus oblique.

Dans le genre Coryphodon, en prenant comme base de nos comparaisons les deux collines transverses, nous trouvons que le tubercule conique antérieur n'existe plus, ou plutôt est représenté par une petite pointe rudimentaire » (fig. 13^a, *A*, *B*, *C*; fig. 14^a; fig. 15^a; fig. 15^b; fig. 16^b) à l'angle antérieur externe de la dent. La colline antérieure, $\alpha\text{Є}$, beaucoup plus droite que dans les Lophiodons, est seulement légèrement convexe en avant et ne se recourbe pas en arrière en se terminant à la pointe médiane, α, qui devient ici la pointe antérieure. La colline postérieure, $\alpha'\text{Є}'$, beaucoup plus courte que l'autre et en même temps plus saillante, se porte en avant à son extrémité externe, α', de manière qu'au lieu d'être exactement parallèle à la première, elle s'en écarte du côté interne, en devenant plus oblique; le côté postérieur de cette colline se trouve ainsi rejeté en dehors.

Les deux collines transverses, toujours séparées au côté interne par un sillon profond, se lient plus ou moins au côté externe par une crête, tantôt élevée, comme cela a lieu dans la dent (fig. 15^a) en $\alpha\alpha'$, tantôt indiquée seulement au fond du sillon, moins profond de ce côté, qui sépare les deux collines; c'est le cas des dents, fig. 13^a, *A* et *B*; fig. 14^a. La hauteur de cette crête est variable dans la même espèce et dans les dents de même position.

Le sillon qui sépare les deux collines vient, dans les Lophiodons et dans le Tapir, aboutir directement au côté interne, qu'il sépare en deux lobes, lesquels se suivent sur la racine interne, qui renferme un double canal, tandis que dans les Coryphodons il n'y a qu'un canal à la racine (1).

Chez les Coryphodons, ce sillon, plus oblique, contourne la pointe interne de la colline postérieure, à la base de laquelle il détermine un collet saillant faisant suite à la colline antérieure, et vient aboutir à l'angle postérieur externe de la dent, en sorte que le côté interne est arrondi au lieu d'être bilobé.

Cette différence est considérable, et suffirait à elle seule pour faire des molaires supérieures de Coryphodon un type particulier. Il en

(1) M. Lartet nous a cependant montré une dent de véritable Lophiodon dans laquelle il n'y a qu'un seul canal à la racine interne. C'est la seule exception aujourd'hui connue à la différence que nous signalons.

résulte en effet que la pointe interne de la colline postérieure se trouve éloignée du bord interne et la face postérieure de cette colline rejetée tout à fait en dehors.

Cette face postérieure, presque verticale dans la dernière molaire, est couchée en dedans, concave et élargie en arrière dans les deux autres, de manière à faire tout à fait partie de la face externe. Dans la dernière molaire, elle n'est pas, à son extrémité postérieure, séparée de la face antérieure par une arête, et la colline postérieure forme comme l'antérieure, et comme les deux collines du Lophiodon et du Tapir, un angle dièdre; dans les deux autres, au contraire, il part du sommet de la pointe interne un bord tranchant qui, se rendant directement à l'angle postérieur externe, donne à la colline postérieure la forme d'une pyramide triangulaire; alors les faces antérieure et postérieure sont planes, presque verticales, tandis que la troisième, regardant le bord externe, est concave, cordiforme, divisée en son milieu par un sillon qui part du sommet et arrive plus ou moins près de la base de la couronne, selon la position de la dent.

D'après la conformation que nous venons de décrire, les arrière-molaires des Coryphodons pourraient encore être considérées comme ayant un bord externe tricuspide, formé sur les deux tiers de sa longueur par la colline postérieure. Mais ce bord externe serait tout à fait transverse, son arête faisant avec la direction générale du côté externe de la mâchoire un angle de 70 degrés. Nous pensons qu'il vaut mieux, conservant les deux collines, dire que le côté externe n'est pas accusé par une arête saillante; arrondi à la base de la couronne, il se recourbe en arrière vers l'intérieur en se prolongeant jusqu'à la pointe interne de la colline postérieure.

Comme chez les Lophiodons, le côté externe des arrière-molaires est bilobé, et chaque lobe est supporté par l'une des racines externes. Dans les Lophiodons, la racine antérieure porte les deux pointes antérieures; mais dans le Coryphodon la première pointe étant rudimentaire, et l'angle postérieur prolongé en talon, il en résulte que le lobe antérieur comprend les deux pointes externes des collines transverses; et le lobe postérieur, au lieu de comprendre, comme dans les Lophiodons, la pointe externe de la colline postérieure, ne renferme que le talon servant de base à la face externe de la pyramide, dont le sommet est la pointe interne de cette colline. La dernière molaire diffère des précédentes par la suppression de ce talon; la racine postérieure, qui est la plus petite des trois, supporte directement cette pointe interne.

Ces comparaisons faites, nous pouvons compléter et résumer, ainsi qu'il suit, les caractères des arrière-molaires :

Considérées en elles-mêmes, les arrière-molaires sont caractérisées par leur forme triangulaire, par trois racines correspondant aux trois angles obtus de la base de la couronne ; l'une, la plus grosse, à l'intérieur ; les deux autres à l'extérieur, la plus petite en arrière. Celle-ci augmente de volume de la dernière arrière-molaire à la première, où elle devient égale à la racine antérieure. La couronne présente deux collines transverses ; l'antérieure, légèrement et régulièrement convexe en avant, supportée par des pointes peu saillantes, et presque perpendiculaire à la direction générale de l'arcade dentaire ; la seconde, beaucoup plus courte, droite ou concave en avant, à pointes plus saillantes que l'antérieure, oblique en arrière de dehors en dedans, et faisant avec la direction de l'arcade dentaire un angle d'environ 20 degrés.

Ces deux collines sont séparées par un sillon profond, surtout au côté interne. Ce sillon contourne la colline postérieure, en se rendant à l'angle postérieur, où il se termine. Il est limité en arrière par une crête qui descend de la pointe interne de la colline antérieure et se prolonge en arrière, en formant à la base de la couronne une sorte de collerette finement denticulée.

Une collerette semblable entoure la couronne en dedans et en avant. Elle fait suite à la première, à partir de la base de la crête descendante dont celle-ci est le prolongement, mais elle ne s'y réunit pas ; elle en est séparée par la crête elle-même.

L'angle postérieur est, sur la dernière molaire, situé tout à fait à la partie médiane du bord postérieur *rs* (fig. 13) du maxillaire. Ce bord, renflé en son milieu, a une direction beaucoup moins oblique à celle de l'arcade dentaire que cela n'a lieu dans les Tapirs et dans les Lophiodons, où la double racine interne occupe un espace plus considérable en arrière.

Dans les deux autres arrière-molaires, l'angle postérieur se rejette de plus en plus sur le côté externe. La direction du bord externe, indiquée par les deux racines, fait avec l'arcade dentaire un angle de 60 degrés à la dernière molaire ; cet angle devient de 30 degrés à l'avant-dernière, et de 10 degrés seulement à l'antépénultième ou première arrière-molaire. Il est nul à la dernière prémolaire. Il résulte de cette disposition que l'angle antérieur externe de chaque arrière-molaire fait une saillie en dehors de l'angle postérieur de celle qui précède ; cette saillie diminue de la dernière à la première. Tous ces caractères peuvent se suivre sur la fig. 13^a.

Il en résulte que le sillon qui sépare les deux collines et qui contourne la pointe interne β' de la colline postérieure, pointe dont la position par rapport à l'arcade dentaire est sensiblement fixe, pour se rendre à l'angle postérieur, se prolonge de plus en plus de la dernière à la première arrière-molaire. Dès l'avant-dernière, fig. 13^a B, et fig. 15^a, il sépare par une arête tranchante $\beta'\mu$ la face postérieure de la colline en deux parties : l'une, presque verticale, oblique de dedans en dehors, qui reste postérieure ; l'autre, $\alpha'\beta'\mu$, en forme d'as de cœur, qui est rejeté sur la face externe, et la colline postérieure se trouve alors avoir la forme d'une pyramide triangulaire.

En même temps on voit, en partant toujours de la dernière molaire, les pointes externes α, α', des deux collines se rapprocher de plus en plus, et la colline antérieure $\alpha\beta$ diminuer d'importance, tandis qu'une petite pointe μ'' naît sur l'avant-dernière, fig. 13^a B et fig. 15^a, au côté interne, en face et au bas de la pointe interne de la colline postérieure, et devient plus forte sur la première arrière-molaire fig. 13^a C.

Ces modifications graduelles nous conduisent aux prémolaires, qui dérivent, en effet, des arrière-molaires par l'accroissement de cette pointe interne, et la diminution jusqu'à disparition complète de la colline antérieure et de la racine qui en supporte la pointe externe, par la séparation plus prononcée des lobes de la face externe cordiforme $\alpha'\beta'\mu$, et enfin par la division en deux de la racine postérieure, dont le volume augmente de la dernière à la première arrière-molaire, et dont chaque branche supporte, sur la dernière prémolaire (fig. 18^a), un des lobes $\alpha'\mu$ du côté externe.

Nous pouvons actuellement passer à l'examen des prémolaires.

Molaires supérieures. — Prémolaires.

Pl. III, fig. 13$_a$ *D*, 18, 19, 20 et 21.

Les prémolaires nous sont connues, indépendamment des deux qui ont été figurées par de Blainville, par deux dents de la collection de M. de Verneuil, une de la collection de géologie du Muséum, et quatre de celle de l'École Normale ; elles ont toutes la forme de la dent que de Blainville a figurée comme la dernière prémolaire, celle de deux crêtes curvilignes concentriques. La pièce figurée Pl. I, fig. 13^a et 13^b, présente en place la dernière prémolaire. Dans les prémolaires de Meudon, nous en reconnaissons trois et peut-être quatre de grandeurs différentes : chaque dent présente des deux côtés la surface d'usure produite par les dents de la mâchoire inférieure. Comme toutes les molaires inférieures avancent sur les supérieures, c'est-à-dire que la dernière inférieure portait à la fois sur la dernière supérieure et sur l'avant-dernière, ce qui se reconnait encore à la manière dont les dents sont usées ; et, comme il y a sept molaires contiguës à la mâchoire inférieure, il fallait qu'il y en eût sept également contiguës à la supérieure. Sans doute, ces déductions ne valent pas l'observation directe ; néanmoins elles nous paraissent avoir un grand degré de probabilité. Nous admettrons donc quatre prémolaires supérieures, toutes semblables à celles figurées Pl. I, fig. 13^a, 13^b.

Les prémolaires supérieures diffèrent peu les unes des autres ; il est facile de distinguer, d'après leur taille, celles du *C. Oweni* de celles du *C. eocænus;* la taille sera encore notre guide pour reconnaître leur position dans la série. D'après cela, fig. 18 sera une deuxième ou une troisième droite du *C. eocænus;* la dent est vue de face, fig. 18^a, et vue du côté postérieur, fig. 18^d ; fig. 19 est une quatrième ou une troisième droite du *C. Oweni* ; fig. 20 est une deuxième droite de la même espèce, et fig. 21 une première ; celle-ci n'est pas usée en avant.

Indépendamment de ces prémolaires à couronne entière, nous avons sous les yeux des fragments de quatre autres de ces dents, savoir : trois moitiés externes paraissant appartenir aux deuxième, troisième et quatrième gauches d'un même individu, et recueillies par M. P. de Berville au gazomètre de Passy ; une moitié interne gauche de Meudon, etc.

Nous pouvons donc dire, tout en reconnaissant qu'il n'y a pas certitude complète, que la première prémolaire supérieure est de même forme que les autres, et, par suite, que la dent figurée par de Blainville comme première prémolaire ne doit pas occuper cette place.

Comme nous l'avons montré ci-dessus, la forme des prémolaires se déduit aisément de celle des première et deuxième arrière-molaires. Si l'on suppose enlevée dans celles-ci la colline transverse antérieure, et le rebord, qui entoure la colline postérieure, plus saillant en pointe au côté interne, on aura exactement la forme des prémolaires. On ne peut pas dire que les prémolaires soient ici des demi-molaires, car la partie enlevée n'a nullement la même forme. Vues par le côté postérieur, les prémolaires sont tout à fait semblables aux première et deuxième arrière-molaires. C'est ce dont on peut juger par la comparaison de la figure 17^d, qui est une première arrière-molaire, avec les figures 18^d et 19^d.

Les prémolaires du Coryphodon sont donc composées d'une crête externe, dont les deux bords font entre eux un angle de 50 degrés, et dont le sommet très saillant est situé un peu en dedans du milieu de la dent, et d'une crête interne moins saillante. Ces deux crêtes sont séparées par un sillon, qui se prolonge en arrière jusqu'à l'angle postérieur de la dent; en avant, il disparaît au pied du sommet de la crête interne, laissant se confondre et former une même surface plane et presque verticale les faces antérieures des deux crêtes. Une petite collerette, peu saillante et continue, entoure la couronne, tandis que sur les arrière-molaires cette collerette est interrompue par la crête qui descend de la pointe interne de la colline antérieure, et remplacée en arrière par le prolongement de cette crête.

Toutes les prémolaires supérieures, dans les deux espèces, ont trois racines diposées comme nous l'avons indiqué.

Dans les Lophiodons comme dans les Tapirs, les prémolaires sont de même forme que les arrière-molaires, à l'exception de la première, qui est plus triangulaire, mais qui appartient toujours au même type, c'est-à-dire qui présente toujours les deux collines transverses et le bord externe tricuspide.

Sous ce rapport, ces deux genres si voisins diffèrent donc encore considérablement du Coryphodon, ce qui est d'autant plus remarquable que c'est précisément par les prémolaires supérieures que certaines espèces de Lophiodons se rapprochent le plus des Tapirs. Ainsi nous avons sous les yeux des fragments de mâchoires de Lophiodons, appartenant à M. Dutemple, qui a bien voulu nous les confier, et provenant des assises supérieures des lignites du mont Bernon près Epernay (sables du Soissonnais, assises supérieures), qu'il serait impossible de ne pas rapporter à un véritable Tapir, si l'on ne possédait que cette partie du squelette de l'animal fossile.

Canines.

Pl. IV, fig. 2c.

Nous avons pu étudier un assez grand nombre de canines entières ou brisées appartenant au Coryphodon; 6 de ces morceaux sont de la collection de M. de Verneuil, et proviennent de Saron; 2 ont été recueillis par M. de Courval à Guny; 5 ont été trouvés à Meudon, et appartiennent, un à la collection de géologie du Muséum et 4 à celle de l'École Normale. De Blainville a, en outre, figuré (1) 2 autres canines du Soissonnais et une de Meudon. C'est donc un total de 16 pièces qui annoncent au moins 15 dents différentes, deux fragments pouvant se rapporter à la même.

Toutes ces pièces, à l'exception d'une seule, à laquelle toute la couronne manque, peuvent se partager en deux séries. La première série comprend 7 dents plus fortes proportionnellement, plus longues, plus triangulaires : ce sont les canines supérieures. Nous avons fait représenter Pl. IV, fig. 2c, la couronne de l'une de ces canines, vue par le côté interne. La seconde série renferme 7 dents qui toutes se rapportent à celle figurée par M. Owen (2) comme une canine inférieure droite appartenant plus probablement aux Coryphodons qu'aux Lophiodons. Nos dents sont une pleine confirmation de cette prévision, sauf que, d'après nos pièces, la dent figurée par M. Owen serait plutôt une canine gauche.

Les observations d'après lesquelles nous avons pu assigner aux canines leur véritable place sont les suivantes. Sur les canines que nous considérons comme supérieures, les stries d'usure sont longitudinales ; sur les inférieures, elles sont transversales, et font avec l'axe de la dent un angle d'environ 70 degrés. Cette direction des stries nous a fait penser que les canines à stries longitudinales devaient être presque verticales. En raison de la longueur des racines des canines verticales, il était impossible de songer à les placer à la mâchoire inférieure ; leur position était donc déterminée par cette seule considération.

Cette déduction s'est trouvée confirmée par deux fragments de mâchoire : 1° un intermaxillaire de la collection du Muséum portant en place la deuxième incisive, les alvéoles des deux autres et la suture avec le maxillaire. C'est le long de cette suture qu'est située,

(1) *G. Anthracotherium*, pl. III.

(2) Owen, *loc. cit.*

dans le maxillaire, l'alvéole de la canine, et, dans l'intermaxillaire, l'alvéole de la troisième incisive; or, cette suture est presque verticale et remonte en ligne droite le long du maxillaire, inclinée seulement de 12 degrés en arrière, ce qui s'accorde parfaitement avec la forme droite des racines; 2° un fragment de mandibule de la collection de M. de Verneuil, portant l'alvéole de la canine. Ce fragment, bien qu'appartenant à un individu de petite taille, montre, par la forme et la direction de l'alvéole, que la racine de la canine inférieure présente la partie la plus convexe à l'extérieur, et à l'intérieur la face la plus aplatie, au milieu de laquelle se trouve un sillon large et peu enfoncé. En outre, on y voit que la canine se courbait à l'extérieur. Ces caractères se retrouvent en effet sur les pièces que nous avons rapportées à la canine inférieure. Leur racine est triangulaire, à angles très arrondis; l'une des faces est plus aplatie, avec un sillon longitudinal au milieu; la partie opposée plus convexe dans la section, et présentant en longueur une courbure concave, tandis que le côté aplati est légèrement convexe dans le sens longitudinal.

D'après la forme de l'alvéole, le côté aplati est le côté interne; il correspond à une surface plane sur la couronne, de même que le côté externe de la racine correspond à la face convexe de la couronne. Voilà pourquoi nous nous sommes permis de considérer ces deux faces d'une autre manière que M. Owen. Ce changement met les canines plus en harmonie avec les prémolaires et les incisives, dans lesquelles, à la mâchoire inférieure, le côté interne est toujours le plus aplati et le côté externe le plus convexe.

La canine supérieure faisant avec la verticale un angle d'environ 12 degrés, et ayant déterminé parallèlement à son axe, sur la canine inférieure, des stries d'usure faisant un angle de 70 degrés avec l'axe de cette dernière, il en résulte que celle-ci est inclinée de 32 degrés sur la direction horizontale de la mandibule; et c'est, en effet, à peu près ce qui résulte de la direction de l'alvéole.

Cela posé, les caractères des canines peuvent être établis de la manière suivante :

Canine inférieure. — Couronne de forme sensiblement triangulaire, arrondie à l'extérieur, courbée de dedans en dehors, racine presque droite, très épaisse, de longueur à peu près double de celle de la couronne; la section est tout à fait en rapport avec celle que M. Owen en a tracée. La face interne est presque plate, la face externe fortement convexe et limitée de chaque côté par un bord tranchant, le long duquel la face convexe s'infléchit et devient plus ou moins concave. Le bord supérieur est concave et creusé à la base, sur une longueur de 1 centimètre au plus, d'un sillon peu profond, large de quelques millimètres.

Cette forme est caractéristique du *Coryphodon*, elle s'éloigne de celle des canines de Lophiodon, qui sont plus arrondies à l'intérieur.

Une couronne non encore usée et tout à fait intacte, appartenant à M. de Courval, porte $0^m,05$ de longueur depuis la base de l'émail jusqu'à la pointe.

Canine supérieure (Pl. IV, fig. 2^c). — Couronne triangulaire, pointue. Les faces de la couronne sont presque planes ; l'une, la plus large, regarde en arrière ; les deux autres regardent obliquement en avant, la deuxième en dehors et la troisième en dedans : c'est cette dernière qui est usée. Les faces sont limitées par des bords tranchants, mais non saillants comme ceux de la face interne de la canine inférieure.

D'après les fragments que nous avons sous les yeux, il semble que les canines supérieures étaient courbées tantôt en arrière ou en dedans, tantôt en avant ou en dehors. Celles-ci sont les plus fortes. La différence de courbure, quoique faible, est très sensible. Il est probable que cela tient aux différences de sexe.

La couronne des plus fortes canines supérieures avait au moins $0^m,100$ de longueur, celle des plus petites avait de $0^m,055$ à $0^m,060$ dans le *Coryphodon eocænus*.

La racine est très forte, presque droite, plus renflée en son milieu que la couronne, de longueur double environ, dans la variété la plus petite.

Les canines du Coryphodon sont d'une force remarquable ; elles ont jusqu'à 32 millimètres de diamètre, et $0^m,150$ à $0^m,200$ de longueur. Elles présentent de larges surfaces d'usure, planes, à bord tranchant, donnant l'idée de véritables cisailles, d'une puissance extraordinaire, surtout dans le *Coryphodon eocænus*.

La couronne des canines est finement striée ; les stries s'anastomosent entre elles, de manière à rendre la surface comme chagrinée. Il y a en outre à la canine supérieure des stries transverses larges, mais peu saillantes, parallèles et inégales.

Incisives.

Pl. IV, fig. 3-12.

Les incisives de Coryphodon s'éloignent de celles des Tapirs et des

Palæothériums pour se rapprocher de celles de l'Anoplothérium et surtout des incisives supérieures de l'Anthracothérium. Quant aux incisives de Lophiodon, ce qui en est connu ne nous permet guère d'établir une comparaison.

Le nombre des incisives que nous avons pu examiner est de 20, savoir : 5 figurées dans l'*Ostéographie* de de Blainville, 1 venant de Meudon et se trouvant à la galerie de géologie du Muséum, 10 de la collection de M. de Verneuil, et provenant des lignites de Saron; enfin 4 de la collection de l'École Normale, recueillies dans le conglomérat de Meudon.

Il s'agissait d'abord de trouver le moyen de distinguer les incisives supérieures des inférieures.

En examinant les incisives de l'*Anthracotherium magnum* qui ressemblent tant aux nôtres, nous avons vu qu'elles portaient toutes, à la base de la couronne, sur la face interne, un rebord en forme de collerette qui n'existe pas sur les incisives inférieures, très différentes d'ailleurs des supérieures. Toutes celles du Coryphodon sont, il est vrai, de même forme, mais les unes portent cette collerette, les autres ne l'ont pas. Or, les deux incisives qui sont encore fixées, chacune dans son alvéole, aux intermaxillaires de la collection du Muséum, ont cette collerette, qui varie bien un peu de largeur, mais qui est toujours très apparente; de telle sorte qu'on ne peut pas supposer que ce soit un caractère accessoire. Nous avons donc adopté ce caractère comme signe distinctif pour les incisives supérieures.

En classant nos dents d'après ce principe, nous avons reconnu, parmi les pièces provenant des lignites de Pont-Sainte-Maxence, quatre supérieures et six inférieures, et nous avons constaté que des trois incisives séparées de la collection du Muséum, que de Blainville a considérées comme supérieures, deux, la première et la troisième, sont inférieures, la deuxième seule est supérieure, ce qui fait en tout cinq supérieures et huit inférieures.

Parmi les incisives de Meudon, il s'en est trouvé deux inférieures et deux supérieures, la cinquième étant brisée au collet de manière à ne plus laisser voir le bourrelet.

La place de ces incisives nous a paru avoir été exactement indiquée par de Blainville. La grandeur relative des alvéoles montre en effet que ces dents vont en décroissant de la première à la troisième, ce qui est l'inverse de l'Anoplothérium et du Lophiodon. De plus, dans la deuxième, qui est d'ailleurs proportionnellement plus épaisse, par suite d'une compression d'avant en arrière, la surface externe, au lieu d'être arrondie uniformément, comme cela a lieu dans la première et la troisième, est divisée par une arête saillante allant de la base de la couronne au sommet, en deux parties inégales, l'antérieure plus petite et concave, la postérieure plus grande et convexe. La troisième est plus courte, elle est aussi plus large et plus ailée, mais seulement en bas ; en haut, les ailes sont moins prononcées et la surface interne moins convexe.

Les dix-neuf incisives à couronne complète se sont alors distribuées de la manière suivante :

Incisives	supérieures,	2 premières (lignites).
—	—	6 deuxièmes (4 des lignites et 2 de Meudon).
—	—	4 troisièmes (lignites).
—	inférieures,	3 premières (lignites).
—	—	4 deuxièmes (3 des lignites et 1 de Meudon).
—	—	3 troisièmes (2 des lignites et 1 de Meudon).

Nous avons représenté :

1° Pl. IV, fig. 3, une première droite : fig. 3^a est la projection horizontale de la couronne, *min* étant le côté interne, *mon* le côté externe ; fig. 3^b est la dent, vue du côté externe ; fig. 3^c est la dent, vue du côté interne.

2° Pl. IV, fig. 4, une deuxième supérieure droite : fig. 4^a, projection horizontale de la couronne ; fig. 4^b, couronne vue du côté externe ; fig. 4^c, couronne vue du côté interne.

3° Fig. 5, une troisième supérieure droite : fig. 5^a, projection horizontale de la couronne ; fig. 5^c, la même, vue du côté interne ; fig. 5^d, la même, vue du côté postérieur.

Ces trois dents appartiennent à l'espèce du Soissonnais, *C. eocænus*.

4° Fig. 6, une deuxième incisive supérieure droite du *C. Oweni* : fig. 6^a est la projection horizontale de la couronne, *min* étant le côté interne, *mon* le côté externe ; fig. 6^c, la dent, vue du côté interne ; fig. 6^e, la même, vue du côté antérieur.

Nous ne connaissons pas encore les première et troisième incisives supérieures du *C. Oweni*.

5° Fig. 7^b, première incisive inférieure droite, vue du côté externe.

6° Fig. 8^c, première incisive inférieure gauche, vue du côté interne.

La coupe de la première incisive inférieure ne diffère pas sensiblement de celle de la première supérieure, elle est seulement un peu plus ailée.

7° Fig. 9^{c}, deuxième inférieure droite, très usée, vue du côté interne.

8° Fig. 10^{b}, deuxième incisive inférieure gauche, très usée, vue du côté externe ; fig. 10^{a}, projection horizontale de la couronne, *min* étant le côté interne, *mon* le côté externe.

9° Fig. 11^{b}, troisième incisive inférieure gauche, vue du côté externe.

10° Fig. 12^{c}, autre troisième inférieure gauche, vue du côté interne ; fig. 12^{a}, projection horizontale de la couronne, *min* côté interne, *mon* côté externe.

Ces incisives inférieures appartiennent à l'espèce des lignites, au *C. eocænus*.

Nous connaissons la deuxième et la troisième incisives inférieures du *C. Oweni*. Nous ne les avons point fait figurer, mais elles rentrent complétement dans les caractères généraux que nous venons de signaler.

Formule dentaire. — La description du système dentaire du *Coryphodon* repose sur un ensemble de pièces véritablement considérable. Il n'y a pas une seule dent dont nous n'ayons eu à notre disposition plusieurs exemplaires ; on peut en juger par le tableau suivant, dans lequel nous récapitulons le nombre et l'origine des matériaux dont nous avons fait usage :

	COLLECTIONS					TOTAL.
	MUSÉUM		ÉCOLE NORMALE.	M. DE COURVAL.	M. DE VERNEUIL.	
	Anat. compar.	Géolog.				
Arrière-molaires inférieures	3	1	3	3	7	17
Prémolaires id.	5	»	2	»	4	11
Arrière-molaires supérieures	5	»	5	2	5	17
Prémolaires id.	2	1	4	»	2	9
Canines inférieures	1	1	2	1	2	7
— supérieures	1	»	3	1	2	7
Incisives inférieures	2	1	1	»	6	10
— supérieures	3	»	2	»	5	10
	22	4	33	7	22	88

C'est donc un nombre total de 88 dents, auquel il faut ajouter une dernière molaire inférieure appartenant à l'École des Mines, qui m'a été communiquée par M. Bayle, une molaire supérieure appartenant à M. Naissant, et le moule en plâtre de la dernière molaire inférieure du *C. eocœnus* d'Angleterre. Encore n'avons-nous pas compris dans cette récapitulation un très grand nombre de fragments, représentant en général des moitiés de dents, et qui nous ont souvent été aussi utiles que des dents entières, pour nous faire juger du degré d'importance des caractères.

Les conclusions que nous avons tirées de cette étude ont donc pu être soumises à des vérifications si nombreuses, qu'elles ne nous laissent aucune incertitude.

D'après ce qui précède, la formule dentaire du *Coryphodon* sera : Incisives $\frac{3}{3}$,canines $\frac{1}{1}$, molaires $\frac{7}{7}$.

On remarquera, en comparant la fig. 12 (Pl. IV), qui appartient à une troisième incisive inférieure, et la fig. 1, qui est une prémolaire, combien ces deux dents sont voisines l'une de l'autre. Le talon des prémolaires, rudiment de la colline postérieure des arrière-molaires, si réduit dans la première prémolaire, disparaît en même temps que les bords antérieur et postérieur, et, par suite, la couronne entière, prennent une forme plus simple et moins flexueuse.

La canine inférieure elle-même, aplatie sur la face interne, bombée sur la face externe, plus ou moins ailée sur les bords, est une dérivation de la première prémolaire.

Le *Coryphodon* nous présente donc ce caractère remarquable d'un type dans lequel toutes les parties du système dentaire sont intimement liées les unes aux autres, de sorte qu'on passe de la molaire à la prémolaire, de celle-ci à la canine et à l'incisive par degrés insensibles.

C'est en vain que nous avons cherché de semblables rapports dans le système dentaire du Tapir ou du Lophiodon.

Toutes les molaires sont contiguës ; la canine inférieure, d'après un fragment de mandibule du *C. eocœnus* appartenant à M. de Verneuil, est séparée de la première prémolaire par une barre, dont la longueur est moindre que dans le Tapir. A la mâchoire supérieure, il y a un petit intervalle entre la troisième incisive et la canine, où la canine inférieure venait se loger lorsque l'animal fermait la mâchoire. La portion de cet intervalle appartenant à l'os incisif est de $0^m,01$ dans le *C. eocœnus*, à peu près comme dans le Tapir. On peut en conclure qu'à la mâchoire inférieure la canine devait toucher les incisives, ou du moins ne pas s'en écarter beaucoup.

FORME DE LA TÊTE. — INTERMAXILLAIRE.

La forme des os maxillaires exerce sur celle de la face une influence prédominante. Pour le *Coryphodon*, nous avons heureusement les deux intermaxillaires du *C. eocænus* de la collection du Muséum, qui sont de nature à nous donner d'excellentes indications.

Comme nous l'avons déjà dit, la suture de l'intermaxillaire avec le maxillaire est presque verticale, et ce fait est confirmé par un fragment, assez fruste d'ailleurs, d'intermaxillaire du *C. Oweni*, de la collection de l'Ecole Normale. La branche montante s'élève presque à angle droit (110°) sur la portion palatine ; cette disposition, jointe à l'épaisseur et à la largeur des intermaxillaires, qui sont en rapport avec les incisives très développées, et à racines longues et épaisses, indique que le museau était gros et court, la face large et bombée, beaucoup plus élevée verticalement que dans le Tapir, dans lequel la branche montante de l'intermaxillaire est couchée en arrière et forme une ligne convexe en avant, au lieu de présenter un angle concave de 110 degrés.

L'échancrure nasale était large, peu profonde, probablement très haute ; on ne peut la comparer, pour la forme, qu'aux genres Tapir et Palæothérium ; mais elle en diffère par plus de hauteur, plus de largeur, et moins de profondeur. La portion horizontale de cette échancrure, et une grande partie, sinon la totalité, de la portion ascendante est formée par l'os intermaxillaire dans le *Coryphodon*. Dans le *Palæotherium* et le Tapir, l'intermaxillaire ne forme qu'une partie de la portion horizontale ; le reste appartient au maxillaire, qui présente alors cette courbure concave en avant, qui, dans le Coryphodon, est sur l'intermaxillaire. Il y a donc beaucoup de différence pour la forme de la tête entre le Coryphodon et ces deux genres ; néanmoins nous n'en voyons pas d'autres où l'on puisse trouver des points de comparaison. La forme des intermaxillaires indique, en effet, que les os du nez étaient très éloignés du bord de la mâchoire, et qu'ils devaient être très courts. Il est donc probable que le Coryphodon avait aussi une trompe. Les os intermaxillaires, arrondis en dessus, tandis que dans le Tapir les parties supérieures sont minces, anguleuses et rapprochées l'une de l'autre, offrent de larges surfaces d'insertion musculaire, qui portent à penser que cette trompe pouvait bien être plus forte et plus mobile que dans le Tapir.

L'un des prémaxillaires, dont la partie qui était contiguë à l'autre est tout à fait intacte, montre que ces os étaient complétement distincts, non soudés. Peut-être même ne se touchaient-ils pas, comme cela a lieu dans le Rhinocéros unicorne de Java (Cuvier, *Oss. foss.*, Pl. 43, fig. 1). De Blainville paraît avoir admis cette hypothèse dans le dessin qu'il a donné de ces os (*Anthracotherium*, Pl. III) en les représentant vus par-dessous. Il semble de plus avoir présumé qu'ils s'écartaient plus en avant qu'en arrière ; c'est aussi notre opinion, fondée sur ce qu'en mettant les deux bords au contact ou parallèles, on donnerait à la molaire supérieure une largeur évidemment démesurée. Ce caractère se retrouve dans l'Hippopotame, dont les intermaxillaires, soudés en arrière, sont séparés en avant par une échancrure plus ou moins considérable.

Le Coryphodon auquel appartenaient les intermaxillaires était jeune; les dents étant peu usées. Peut-être avec l'âge les os se seraient-ils soudés en partie, mais il y aurait toujours eu écartement en avant ; ce qui constitue une grande différence avec le Tapir, sur une tête duquel nous remarquons, bien que la dernière molaire ne soit pas encore sortie de l'alvéole, que la suture des intermaxillaires est complétement effacée.

Mandibule.

L'os de la mâchoire inférieure est en arrière à peu près dans les proportions de celui du Tapir. Ainsi le fragment figuré par M. Owen, dont la hauteur sous la dernière molaire est de $0^m,058$, a $0^m,036$ d'épaisseur en ce point ; dans le Tapir d'Amérique les dimensions correspondantes sont $0^m,043$ et $0^m,029$. La branche montante, d'après des fragments de la collection du Muséum et de celle de M. de Verneuil, est aussi large et très mince ; mais à la partie antérieure de la mâchoire l'épaisseur augmente, elle est de $0^m,033$ dans le fragment qui porte la barre, en arrière du trou mentonnier, et seulement de $0^m,020$ dans le Tapir.

La partie antérieure de la mâchoire inférieure était donc plus courte, plus épaisse et plus élargie, ce qui répond à la forme de la mâchoire supérieure.

MEMBRES POSTÉRIEURS.

Après avoir reconstruit en entier le système dentaire du Coryphodon, ce qui reste encore à faire pour les Lophiodons, même les plus anciennement connus, nous avons à nous occuper des autres parties du squelette.

Malheureusement les matériaux d'étude dont nous pouvons aujourd'hui faire usage sont peu nombreux ; ils se réduisent à un fémur complet, un fragment de radius et deux petits fragments d'humérus. Toutefois, si l'on se rappelle que l'on ne possède encore que des fragments extrêmement incomplets de fémur de Lophiodon, la connaissance de cet os, dans un genre si important de la même famille, devra être considérée comme d'un certain intérêt pour la science.

Pour donner une idée satisfaisante du fémur des Coryphodons, le moyen qui nous paraît préférable, en raison de l'absence de fragments assez importants du fémur du *C. eocænus*, pour que de leur comparaison avec celui du *C. Oweni* nous puissions déduire les caractères génériques, c'est de donner dès maintenant la description complète de cette dernière pièce.

FÉMUR DU CORYPHODON OWENI.

Pl. IV, fig. 13.

Forme allongée, proportionnellement plus grêle que dans le cheval, aplatie d'avant en arrière, anguleuse dans toute l'étendue du côté externe.

Longueur depuis la tête jusqu'au bas de la poulie.	$0^m,390$
Largeur minimum (entre le troisième trochanter et la demi-poulie rotulienne).	$0^m,049$
Épaisseur d'avant en arrière au même endroit.	$0^m,033$
Largeur de l'extrémité supérieure.	$0^m,144$
Largeur de l'extrémité inférieure.	$0^m,089$
Largeur maximum aux deux condyles.	$0^m,009$

La tête est plus élevée que le sommet du grand trochanter ; elle le dépasse d'environ $0^m,012$; elle forme une demi-sphère remarquablement régulière, dont le diamètre est de $0^m,055$, et dont la convexité regarde presque entièrement en haut. La fossette où s'attache le ligament rond est arrondie, assez profonde, plus que dans le Rhinocéros, mais moins que chez le Tapir et le Daman. Dans une tête d'un individu plus petit, car elle n'a que $0^m,050$ de diamètre, cette fossette a seulement 9 millimètres de largeur ; dans le fémur que nous décrivons, où elle est moins bien conservée, elle en a 16. Dans le cheval, elle constitue une véritable échancrure de dimension considérable.

Le grand trochanter est peu saillant ; sa largeur d'avant en arrière est de $0^m,054$. La partie comprise entre le grand trochanter et la tête est très aplatie : son épaisseur n'est que de $0^m,018$. Le bord externe, élargi en arrière, forme une crête épaisse et saillante de $0^m,020$, qui, partant du grand trochanter, vient se perdre sur la face postérieure, entre le petit trochanter et le troisième. L'enfoncement aplati, que laisse à la face postérieure cette côte saillante, est moins profond et plus large que dans le cheval.

Les saillies antérieure et postérieure du grand trochanter sont toutes deux obtuses : l'antérieure est plus prononcée.

Le petit trochanter est une petite tubérosité ellipsoïdale, épaisse de $0^m,011$, longue de $0^m,022$, placée tout à fait au bord interne de l'os, sous la tête, à une distance de $0^m,095$ du sommet de la tête, et peu détachée du corps de l'os. La largeur du fémur au petit trochanter est de $0^m,067$. A partir du petit trochanter, le bord interne forme une crête longue, qui vient se terminer vis-à-vis le troisième trochanter. Dans cette région, le bord interne porte une dépression longitudinale qui paraît correspondre à la *ligne âpre* servant à l'insertion du muscle biceps. A la partie supérieure de cette dépression se voit le trou du vaisseau nourricier. Ce trou est descendant, comme chez la plupart des animaux, tandis qu'il est montant dans le Tapir. Il est au niveau de la partie supérieure du troisième trochanter, tandis que, dans le Tapir, il est bien au-dessous, au tiers inférieur de l'os.

Le troisième trochanter est placé exactement au milieu du fémur. Le bord externe, à partir de la saillie qui descend du grand trochanter, s'amincit et devient très anguleux en arrivant au bord du trochanter. Celui-ci est terminé par une tubérosité épaisse de 15 millim., au maximum, longue de 32 millim., et parallèle à l'axe de l'os. La partie comprise entre cette tubérosité et le corps de l'os est très mince (de 5 à 8 millim.) ; elle est aplatie en arrière et concave en avant.

Le corps du fémur est sensiblement triangulaire dans sa partie inférieure, entre la demi-poulie rotulienne et le troisième trochanter, au lieu d'être arrondi comme dans le Cheval, le Tapir, etc. La face postérieure est aplatie, légèrement convexe dans le sens vertical; la face antérieure, fortement concave dans le même sens, mais convexe transversalement, est nettement séparée de la postérieure par des arêtes, l'une, externe, se continuant depuis le condyle jusqu'au troisième trochanter; l'autre, interne, très prononcée près du condyle, et disparaissant à la hauteur du troisième trochanter, seule portion où le fémur soit arrondi sur le côté interne. La largeur du fémur au troisième trochanter est de 0m,073. Dans un fragment provenant de Passy, cette largeur n'est que de 0m,054. Ce fragment paraît avoir appartenu à un individu plus jeune, et, dans tous les cas, de plus petite taille: car l'épaisseur de l'os vis-à-vis le troisième trochanter n'est que de 0m,027, au lieu de 0m,034 que porte le fémur de Meudon. Ces nombres sont, en effet, exactement proportionnels.

La face antérieure s'aplatit un peu en approchant des condyles.

La demi-poulie rotulienne est large, très longue, à bords tranchants dans toute leur étendue et presque égaux, l'interne étant seulement un peu plus élevé. La forme de la demi-poulie se rapproche beaucoup de celle des Tapirs, des Damans et de l'Anoplotherium; elle est seulement moins excavée.

Les condyles interne et externe se continuent avec la poulie; ils sont cependant limités de ce côté par une légère échancrure. Il en est de même pour le condyle interne de l'*Anoplotherium commune*, où la séparation est facile à apercevoir. La distance entre les bords de la poulie est de 0m,045; celle entre les bords des condyles est de 0m,080; ceux-ci sont nettement limités par une arête mousse au côté externe, anguleuse au côté interne.

La distance maximum, entre le bord interne de la poulie rotulienne et celui du condyle du même côté, ou le diamètre antéro-postérieur du condyle interne, est de 0m,100; pour le côté externe, cette distance n'est que de 0m,088.

La *grande échancrure* qui sépare les condyles est proportionnellement plus étroite que dans le Tapir et le Daman; elle est à peu près dans les rapports de celle du Cheval et du Rhinocéros de Sumatra.

La *cavité*, qui est au-dessus du condyle externe, où s'attachent le *muscle sublime* et une portion des *muscles jumeaux*, si profonde chez le Cheval, assez faible chez le Rhinocéros et le Tapir des Indes, manque complétement dans le Coryphodon, aussi bien que les *empreintes musculaires* qui servent, au côté opposé, d'attache à l'autre portion des *jumeaux*. Il en est, d'ailleurs, exactement de même chez le Daman.

On ne voit pas non plus, ni chez le Coryphodon, ni chez le Daman, l'*autre cavité*, si profonde chez le Cheval, située au-dessous du même condyle à sa partie antérieure, et qui sert à l'attache du muscle extenseur antérieur du pied. Cette cavité, très faible dans le Rhinocéros de Sumatra et le Tapir d'Amérique, se réduit à une simple impression musculaire chez le Tapir des Indes.

Les faces articulaires des deux condyles sont très régulières, peu bombées transversalement; elles diffèrent considérablement sous ce rapport, surtout en ce qui concerne le condyle externe, des Rhinocéros et des Tapirs, pour se rapprocher complétement du Daman.

D'après la description que nous venons de donner du fémur du Coryphodon, on peut voir qu'il se rapproche singulièrement de celui des Rhinocéros, et surtout du Rhinocéros bicorne de Sumatra, par sa partie supérieure et le corps tout entier. La tête inférieure seule présente des différences notables.

Si nous laissons de côté, pour un instant, cette tête inférieure, nous voyons, dans le Coryphodon, comme dans le Rhinocéros bicorne :

1° Une forme générale aplatie, triangulaire, fortement concave en avant.

2° Une tête articulaire hémisphérique, dépassant un peu le grand trochanter, dirigée en haut, et la fossette du ligament rond peu profonde.

3° Un grand trochanter obtus, non terminé en pointe saillante.

4° Le petit et le troisième trochanter exactement placés de même, et ayant la même forme.

Sauf la tête inférieure, le fémur du Coryphodon s'éloigne donc moins du Rhinocéros bicorne de Sumatra que celui-ci des autres espèces de Rhinocéros. La seule différence un peu saillante consiste dans les crêtes qui descendent du grand trochanter. Dans le Rhinocéros, la crête postérieure est moins saillante et moins prolongée, et il en existe une à la face antérieure, qu'on ne retrouve pas dans le Coryphodon. Cette crête, très tranchante, se dirige obliquement en dedans, et vient se perdre sur la face, à la hauteur de la naissance du troisième trochanter.

Si l'on compare la même partie de notre fémur avec ceux des Tapirs et des Damans, on verra qu'il y a bien plus de différence.

Dans ces genres, le grand trochanter dépasse en hauteur la tête du fémur. La saillie antérieure se rapproche, il est vrai, de celle du Coryphodon ; mais cette saillie est elle-même peu différente chez le Cheval. La saillie postérieure diffère complétement. Le petit trochanter est plus fort ; le troisième placé plus haut. Le corps de l'os est plus épais d'avant en arrière ; il est arrondi en bas, au lieu d'être aplati, etc., etc.

Pour la tête inférieure du fémur, les affinités ne sont plus les mêmes ; cette tête diffère considérablement de celle du Rhinocéros : 1° par la forme de sa poulie rotulienne, dont le bord interne est, chez le Rhinocéros, arrondi, très épais et très élevé ; 2° par son condyle externe, à surface articulaire aplatie, tandis que cette surface est très bombée dans le Rhinocéros.

Elle se rapproche davantage de celle du Tapir, dont les bords de la poulie sont tranchants et presque égaux, mais dont le condyle externe a de l'analogie avec celui du Rhinocéros. Mais c'est surtout avec le Daman, dont la partie supérieure du fémur est si différente, que la ressemblance est frappante pour la tête inférieure. Les bords de la poulie et les surfaces articulaires du condyle ont la plus grande ressemblance. De part et d'autre, absence complète de la cavité où s'insère le *muscle sublime ;* l'échancrure qui sépare les condyles est seulement plus large chez le Daman, et la poulie rotulienne un peu plus excavée. De part et d'autre aussi, le condyle interne se continue avec la poulie sans échancrure sensible, caractère qui se retrouve dans l'*Anoplotherium* et le Cochon, dont les fémurs ont, par leur tête inférieure, au moins autant d'analogie avec le Coryphodon que n'en présente le Tapir.

En résumé, le fémur du *Coryphodon* présente la singulière association des caractères les plus tranchés des Rhinocéros dans sa partie supérieure et moyenne, et de ceux des Damans et des Tapirs dans sa tête inférieure, pour laquelle aussi il se rapproche des *Anoplotherium* et des Cochons qui appartiennent à la famille des *Artiodactyles*, ou Pachydermes à système digital pair.

Il ne nous est pas possible de comparer le fémur du Coryphodon à celui des Lophiodons, dont on ne connaît jusqu'ici que des débris très incomplets et peu caractéristiques. Nous dirons cependant que nous avons recueilli à Nanterre, dans le calcaire grossier supérieur, un fragment de fémur de *Lophiodon parisiense* qui montre la tête presque entière, et le côté interne à peu près jusqu'à l'articulation inférieure. Le petit trochanter est extrêmement développé dans cette pièce, et sous ce rapport les deux genres diffèrent énormément. Le fémur du Lophiodon, par le grand développement et la forme du petit trochanter, se rapproche du Daman plus que de tout autre genre.

Membres antérieurs. — Humérus.

Parmi les nombreux fragments d'os brisés que M. de Verneuil a recueillis à Saron, avec les dents du *Coryphodon eocænus*, se trouve une tête articulaire et un fragment de poulie cubitale d'humérus, qui, par leur taille, la nature de l'os et des débris au milieu desquels ils ont été rencontrés, appartiennent certainement à la même espèce. Ces pièces n'ont d'importance qu'en ce qu'elles montrent que le fragment d'humérus du Laonnais, cité par Cuvier et de Blainville, mais non déterminé d'une manière précise, doit être complétement écarté de toute espèce de rapprochement avec notre animal. Le diamètre de la tête articulaire de l'humérus du Laonnais a $0^m,034$ de diamètre. Cette dimension dans le *C. eocænus* est environ de $0^m,069$; c'est la grandeur de la tête articulaire de l'humérus d'un grand *Anoplotherium*. Le diamètre de la poulie cubitale est de $0^m,036$ dans le Coryphodon ; il est de $0^m,035$ dans l'*Anoplotherium*, de $0^m,022$ seulement dans un *Palæotherium crassum* adulte.

Radius.

Nous rapportons au *Coryphodon Oweni* une tête supérieure de radius (Pl. IV, fig. 14 *a*, *b*), recueillie dans le conglomérat de Passy par M. P. de Berville. Cette tête, large transversalement de $0^m,043$ et d'avant en arrière de $0^m,026$, provient d'un individu de plus petite taille que le fémur de Meudon. Elle se rapporterait probablement au fragment de fémur cité ci-dessus, qui a été recueilli en même temps et au même endroit. Nous avons vu que ce dernier fémur était à celui de Meudon dans le rapport de 27 à 34, c'est-à-dire plus petit de près d'un quart. Dans cette hypothèse, le radius correspondant au grand fémur aurait eu $0^m,054$ de largeur transverse. Cette dimension est celle que présente la tête supérieure du radius de l'Anoplotherium, dont le fémur se rapproche déjà beaucoup par ses dimensions de celui du Coryphodon.

Le fragment de Passy a une longueur de $0^m,075$; la partie brisée, qui est la plus étroite, a $0^m,022$ de section transverse.

La face articulaire est plus voisine de celle des Lophiodons que de tout autre genre. La forme générale du contour est à peu près la même. Le milieu de la poulie saillante, qui est très surbaissée, est à 12 millimètres du bord interne, c'est-à-dire à une distance égale à un peu plus du quart de la largeur totale. Dans les Lophiodons, cette poulie est au tiers interne. De plus, au lieu de deux enfoncements, comme dans les Palæothériums et les Lophiodons, il n'y en a en réalité qu'un seul, très grand, à l'extérieur ; la surface correspondant à l'enfoncement interne des Lophiodons, très petite comparativement à l'autre, étant régulièrement déclive et nullement concave. C'est un caractère de plus à ajouter aux traits distinctifs des deux genres.

D'ailleurs le bord postérieur de la face articulaire fig. 1*h a*, s'appuie sur le cubitus par une surface plane, nullement échancrée, comme cela a lieu pour les Lophiodons.

IV. Caractères distinctifs du Coryphodon eocænus et du C. Oweni.

Nous allons actuellement justifier la distinction spécifique que nous avons établie dans le genre *Coryphodon* ; nous suivrons pour cela l'ordre que nous avons adopté dans le paragraphe précédent.

Molaires inférieures.

Arrière-molaires.

Troisième ou dernière. — Comme nous l'avons dit, le Coryphodon des lignites a sa dernière molaire (Pl. III, fig. 1 et 2) presque identique avec celle du *C. eocænus* Owen. Les seules différences bien légères que nous puissions signaler sont, dans nos exemplaires, la concavité plus marquée de la colline transverse antérieure et par suite la plus grande saillie des pointes, et l'angle un peu plus considérable qu'elle fait avec la crête oblique. Une différence un peu plus prononcée se montre à l'angle postérieur externe. Dans le *C. eocænus*, cet angle présente un talon assez saillant, résultant de ce que la face postérieure de la pointe externe est fortement concave. Cette face est presque plane dans le Coryphodon des lignites, et le talon moins saillant. D'un autre côté, des variations à peu près semblables se montrent dans les dents de ce dernier ; ainsi la pointe interne de la colline transverse postérieure est peu prononcée dans la dent (fig. 1) et, l'arête qui en descend, avant d'atteindre la base de la colline antérieure, présente à moitié chemin un autre petit tubercule ; elle est, au contraire, presque aussi forte que la pointe postérieure dans la dent (fig. 2). Ces variations ne pourraient contribuer à une distinction spécifique qu'autant que de nouvelles pièces montreraient que des différences constantes se reproduisent dans les autres parties du squelette. En attendant nous croyons devoir réunir au *C. eocænus* toutes les pièces des lignites du Soissonnais.

Il n'en est pas de même pour les dents du conglomérat. Ces dernières diffèrent toutes de leurs correspondantes parmi celles des lignites.

La dernière molaire du *C. Oweni* diffère de celle du *C. eocænus* par sa forme plus étroite en arrière, les pointes interne et postérieure de sa colline postérieure plus rapprochées, la pointe externe plus forte et plus saillante que les autres ; tandis que dans le *C. eocænus* c'est la pointe postérieure qui est la plus forte. En outre on remarque à l'angle postérieur interne, un peu au-dessus de la base de la couronne, une petite échancrure superficielle α très prononcée dans le *C. Oweni*, et limitée en dessous par une saillie transversale de l'émail. Cette dépression à peine sensible dans le *C. eocænus*, mais indiquée quelquefois (fig. 2) par une petite pointe conique, presque rudimentaire, n'est pas limitée en dessous par un rebord saillant.

La crête oblique qui part de la pointe externe postérieure vient s'arrêter dans le *C. eocænus* à la base de la colline transverse antérieure, un peu au delà du milieu. Dans le *C. Oweni*, elle remonte le long de cette colline et est plus fortement rejetée en dedans.

Deuxième et première arrière-molaires. — Nous n'avons, du *C. Oweni*, qu'une deuxième (Pl. III, fig. 6) et une première (fig. 7) arrière-molaires, qui sont toutes deux trop usées pour qu'il nous soit possible de voir si elles présentent des différences notables avec les correspondantes du *C. eocænus* (fig. 5 et 7).

Prémolaires.

Les caractères que nous avons donnés ci-dessus des prémolaires du *Coryphodon* nous ont été fournis presque exclusivement par l'espèce des lignites, *C. eocænus*, et les dents figurées (Pl. III, fig. 9, 10, 11, 12) appartiennent à cette espèce. Nous possédons du *C. Oweni*, une première et une moitié externe de la deuxième. De celle-ci nous n'avons rien à dire en raison de son état incomplet, suffisant cependant pour autoriser jusqu'à un certain point le rapprochement que nous indiquons.

La première prémolaire figurée (Pl. IV, fig. 1), est très caractéristique et diffère essentiellement de sa correspondante dans le *C. eocænus*. Elle n'a qu'une seule racine au lieu de deux (1). Sa forme est plus aplatie d'avant en arrière, surtout à la partie antérieure dout la carène est très tranchante. Le sommet se dirige en avant beaucoup plus que dans le *C. eocænus*, et il y a à la base de la carène, du côté antérieur, un lobe assez fort. La partie correspondante à ce lobe est cassée dans les deux premières prémolaires du *C. eocænus*, que nous avons eues à notre disposition.

Molaires supérieures.

Arrière-molaires.

Troisième ou dernière. — Cette dent est assez différente dans les deux espèces, elle est plus triangulaire dans le *C. Oweni*, (Pl. III, fig. 13^a et fig. 13^b A), la racine postérieure étant placée exactement au milieu du bord postérieur, tandis qu'elle est plus voisine du bord externe dans le *C. eocænus* (fig. 14^a). Le bord interne est aussi proportionnellement plus large, et la racine plus épaisse dans cette dernière espèce; ces circonstances donnent à la dent une forme parallélogrammique.

Deuxième et première arrière-molaires. — Ces dents diffèrent peu dans les deux espèces; fig. 15, 16 et 17, appartiennent au *C. eocænus*. On remarque cependant que le bourrelet saillant, qui est à la base de la colline antérieure (fig. 13^a B), se continue tout en s'atténuant sur le côté interne, tandis qu'il est interrompu dans le *C. eocænus* (fig. 15^a C).

Le sillon *o* (fig. 13^a C, fig. 15_a, fig. 17^a), qui divise en deux lobes la base de la face externe de la colline postérieure, est plus rejeté en arrière et moins profond dans le *C. eocænus*, et cette espèce présente en avant du premier, un autre sillon qui n'existe pas sur le *C. Oweni*.

En général, les collines transverses sont plus saillantes et ont les faces plus près de la verticale dans le *C. Oweni* que dans le *C. eocænus*.

Les dents (fig. 15^a et fig. 17_a) sembleraient indiquer que l'ex-

(1) De Blainville avait prévu (*Ostéographie, Palæothériums*, etc., p. 220) que la première prémolaire pouvait bien avoir deux racines. Cela existe, en effet, dans le *C. eocænus*, mais non dans le *C. Oweni*. Ce caractère n'est donc pas générique.

trémité externe de la colline postérieure est coudée en avant dans le *C. eocænus* beaucoup plus que dans le *C. Oweni*, et en outre que les deux pointes externes α, α', sont liées entre elles dans la première, bien plus que dans la seconde ; mais nous avons pu constater que ces caractères sont essentiellement variables et se rencontrent indifféremment dans l'une et l'autre espèce.

Les matériaux que nous avons eus à notre disposition pour les arrière-molaires sont :

Pour le *C. Oweni*,

1re arrière-molaire. — 1 droite et 1 gauche.

2e arrière-molaire. — 2 gauches entières et deux fragments de couronne, l'un du côté gauche, l'autre du côté droit (Meudon); une moitié interne gauche (Passy).

3e arrière-molaire. — 2 gauches (Meudon), et une moitié interne droite (Passy).

Ces pièces ont appartenu à quatre individus différents, au moins.

Pour le *C. eocænus*,

1re arrière-molaire. — 1 droite et 2 gauches.

2e arrière-molaire. — 1 droite et 3 gauches.

3e arrière-molaire. — 2 droites et 4 gauches, qui représentent au moins cinq individus différents.

Prémolaires. — Ne diffèrent dans les deux epèces que par la taille; nous donnerons plus loin, dans un tableau général, les dimensions de ces dents.

Canines. — Indépendamment de la différence de taille qui est considérable, les plus petites canines du *C. eocænus* étant toujours beaucoup plus fortes que les plus grosses du *C. Oweni*, on peut signaler des caractères importants.

Canine inférieure. — Plus courbée en dehors dans le *C. Oweni*, à bords plus tranchants, plus détachés à la base en forme d'ailes ; présente, comme l'a indiqué M. Owen, une couche mince et polie d'émail qui marque, tout autour, la base de la couronne, puis par-dessus une nouvelle couche épaisse d'émail qui ne descend pas aussi bas que la précédente, surtout à la face convexe où son bord se relève fortement en forme de sinus à la partie antérieure. Ce sinus est plus large et plus profond dans le *C. eocænus* que dans le *C. Oweni*. Le bord de cette couche épaisse d'émail est finement plissé dans le *C. Oweni*. Ces plis sont moins visibles sur la face externe dans le

C. eocænus et et un peu au-dessus du bord ; mais dans cette dernière espèce se trouve, à la base de la face interne, un petite collerette plissée, détachée de la surface en forme de bourrelet, qui n'existe pas sur la face externe, et qui paraît manquer même sur la face interne du *C. Oweni*.

D'après tous ces caractères la canine décrite et figurée par M. Owen, autant que nous pouvons en juger par la description et les figures, se rapporterait plutôt au *C. Oweni* qu'au *C. eocænus*.

Canine supérieure. — Se distingue facilement dans les deux espèces, en ce que l'arête externe, très anguleuse et carénée dans toute son étendue chez le *C. Oweni*, est arrondie à la base dans le *C. eocænus*. L'angle que fait la face postérieure avec la face antérieure externe dans la variété *minor*, est, dans cette dernière espèce, presque droit ; il est d'environ 60° dans le *C. Oweni*, dans lequel les stries transverses inégales qui sillonnent ces deux faces sont beaucoup moins accusées.

Incisives. — Les incisives paraissent peu différer de forme dans les deux espèces. Il est vrai que nous n'avons de cette partie du système dentaire du *C. Oweni* que des dents en général roulées et usées. Mais le rapport de leur volume à celui des incisives du *C. eocænus* est bien moindre que pour les autres dents. Le diamètre antéro-postérieur de la deuxième incisive supérieure du *C. Oweni* est de $0^m,015$, le diamètre transverse est de $0^m,010$; dans le *C. eocænus* les dimensions correspondantes sont pour la dent de même position $0^m,021$ et $0^m,015$. La section de celle-ci est plus que double de la première.

Des différences de taille dans la même espèce. — L'étude du système dentaire a donc amplement justifié la distinction des deux espèces de *Coryphodon*. Les caractères spécifiques se sont montrés dans les diverses pièces, sans que nous ayons eu besoin de recourir à la différence de grandeur, qui serait à elle seule suffisante pour légitimer cette distinction, tellement elle est considérable.

Toutefois, nous avons remarqué que dans chaque espèce et pour toutes les parties du système dentaire, il y a deux grandeurs différentes ; comme ces variations dans la grandeur ne sont accompagnées d'aucun changement dans les caractères spécifiques, nous pensons qu'ils tiennent à la différence des sexes. Il est difficile, en effet, d'expliquer autrement cette proportionnalité si remarquable dans chacune des deux espèces. Nous rappellerons que les canines supérieures des deux variétés paraissent différentes de forme, l'une étant courbée en dedans et l'autre en dehors.

Nous terminerons cette étude du système dentaire par le tableau comparatif des dimensions de chaque dent, non-seulement dans le *C. eocænus* et dans le *C. Oweni*, mais aussi dans les deux variétés que nous supposons sexuelles et qui, dans ce tableau, sont désignées l'une par *A*, l'autre par *B*.

Tableau comparatif des dimensions des dents du Coryphodon *et du* C. Oweni (A *var. maj.*, B *var. min.*)

	CORYPHODON EOCÆNUS. DIAMÈTRE				CORYPHODON OWENI. DIAMÈTRE			
	antéro-postér. ou longitud.(1)		transverse.		antéro-postér. ou longitudin.		transverse.	
	A	B	A	B	A	B	A	B
	mm.	mm.	mm.	mm.	mm.	mm.	mm.	mm.
MACHOIRE INFÉRIEURE.								
3e molaire	38	35	25	23	»	28	23?	20
2e	33	0	25	21	26	»	19	»
1re	»	23	»	17	22	»	17	»
4e prémolaire	24	21	20	16	»	»	»	»
3e	23	»	17	»	»	»	»	»
2e	20	»	15	»	15	»	»	»
1re	»	»	12	»	15	»	8	»
Canine	28?	22	24?	20	20	16?	17	12
3e incisive	21	19	13	11	12	»	8	»
2e	21	20	»	15	»	»	»	»
1re	22	»	17	»	»	»	»	»
MACHOIRE SUPÉRIEURE.								
3e arrière-molaire	29	27	43	39	26	»	33	»
2e	33	»	39	»	25	»	28	»
1re	28	26	32	30	22	21	26	25
4e prémolaire	22	»	32	»	17	»	25	»
3e	19	»	27	»	17	»	23	»
2e	»	»	»	»	15	»	21	»
1re	»	»	»	»	14	»	20	»
Canine	»	24	»	26	20	16	24	20
3e incisive	»	18	»	13	»	»	»	»
2e	22	»	17	15	16	15	»	10
1re	»	21	»	16	»	»	»	»

(1) Le diamètre longitudinal est pris dans la direction de l'arcade dentaire; le diamètre transverse est perpendiculaire à cette direction.

Intermaxillaire. — Le fragment d'intermaxillaire du *C. Oweni* porte des traces de la suture avec le maxillaire, les racines en place de la troisième et de la deuxième incisive, et une portion de l'alvéole de la première. Ce fragment appartient au côté droit de la mâchoire. Il présente exactement la même forme que la partie correspondante de l'intermaxillaire du *C. eocænus*. Mais les dimensions sont très différentes ; la distance entre la suture intermaxillaire et le bord postérieur de l'alvéole de la première incisive est de 0m,036 environ dans le *Coryphodon Oweni*; elle est de 0m,053 dans le *C. eocænus*. La longueur totale de l'os incisif, dans cette dernière espèce, est de 0m,078, prise à la face alvéolaire. L'épaisseur de l'os paraît, dans les deux espèces, proportionnelle à la longueur. La hauteur de la branche palatine, prise du pied de la branche montante à l'intervalle qui sépare les alvéoles des deuxième et troisième incisives, est de 0m,029 dans le *C. Oweni* ; elle est de 0m,039 dans le *C. eocænus*.

Les fragments que nous avons sous les yeux nous montrent encore que les première et deuxième incisives étaient plus couchées dans leurs alvéoles chez le *C. Oweni* que chez le *C. eocænus*.

Fémur. — Nous avons décrit plus haut en détail le fémur du *C. Oweni*, il nous reste à signaler en quoi il diffère de celui du *C. eocænus*. Le fragment de fémur provenant des lignites du Laonnais, figuré par Cuvier (*Pl.* 79, *fig.* 5) a 0m,065 de largeur au troisième trochanter et 0m,055 dans la partie la plus étroite, au-dessous du troisième trochanter. Il est épais de 0m,035. Celui de Meudon épais de 0m,033 est large de 0m,047 au-dessous du troisième trochanter. Le corps de l'os a donc, dans le fossile des lignites, une section égale à environ une fois et quart celle du fémur de Meudon. De plus, le fragment des lignites du Laonnais appartient évidemment à un jeune individu. Le troisième trochanter est peu développé ; il l'était davantage dans un échantillon appartenant également au Muséum, mais qui ne consiste que dans le troisième trochanter détaché du corps de l'os. Pour avoir le rapport des dimensions des fémurs, ce serait donc plutôt au fragment de Passy qu'au fémur de Meudon qu'il faudrait le comparer. Dans ces deux fragments la tubérosité du trochanter peu développée indique que l'animal n'était pas adulte ; or le fragment de Passy a 0m,027 d'épaisseur et 0m,40 de largeur minimum. La section ne serait donc que un peu plus de moitié de celle du fémur du Soissonnais, et la longueur d'environ les trois quarts.

Nous arrivons au même résultat en comparant une tête articulaire du fémur du *C. eocænus*, que nous trouvons parmi des débris d'os de Sarou, à celle de notre fémur de Meudon. Dans la première, la distance du bord supérieur de la fossette du ligament rond à l'extrémité opposée de la tête est de $0^m,064$; dans le *C. Oweni*, cette distance est de $0^m,048$. Le rapport de ces dimensions est de 4 à 3.

Un fragment de condyle interne de la cendrière de Guny nous donne les dimensions suivantes :

Diamètre antéro-postérieur, à partir de l'échancrure qui sépare le condyle de la poulie.	$0^m,071$
Dans le *C. Oweni*, cette distance est de.	$0^m,062$
Diamètre du même condyle à la partie postérieure.	$0^m,038$
Et pour le *C. Oweni*.	$0^m,030$

Ainsi, d'après les fémurs comme d'après les diverses parties de la tête, le *Coryphodon eocænus* serait, pour la taille, bien supérieur au *C. Oweni*. Ajoutons que, chez le premier, le fémur est plus aplati et que le troisième trochanter est moins saillant dans le jeune aussi bien que dans l'adulte. Sauf ces différences, qui, jointes à celles que l'on observe dans le système dentaire, nous paraissent justifier la distinction des deux espèces, les fragments de fémur du *Coryphodon* des lignites sont tout à fait semblables aux parties correspondantes des fémurs de Meudon et de Passy.

RÉSUMÉ.

CARACTÈRES DU GENRE CORYPHODON.

Il résulte des recherches exposées dans ce travail que, parmi les premiers Mammifères jusqu'ici connus de l'époque tertiaire, ceux qui étaient de plus grande taille, et qui appartenaient au genre de Pachydermes séparé des Lophiodons par M. Owen sous le nom de *Coryphodon*, comprennent deux espèces et peuvent être caractérisés de la manière suivante :

Tête.

Formule dentaire. — Molaires $\frac{7-7}{7-7}$, canines $\frac{1}{1}$, incisives $\frac{3}{3}$, une barre peu longue.

Molaires inférieures. — Voisines de celles des Lophiodons, mais à pointes plus saillantes aux extrémités des collines ; la dernière avec deux collines transverses, au lieu de trois, mais la colline postérieure tricuspide et curviligne. Les prémolaires en forme de pyramide triangulaire, à base élargie en arrière en talon.

Molaires supérieures à trois racines, constituant un type distinct de tous les autres Pachydermes, dont, sous ce rapport, le Coryphodon s'éloigne plus que les Lophiodons, les Palæotheriums, les Tapirs et les Rhinocéros ne diffèrent entre eux, bien que ce soit de ces genre qu'il doive être rapproché, même par les molaires supérieures.

Les *arrière-molaires*, de forme triangulaire, à angles très arrondis; deux collines transverses, l'antérieure régulièrement dièdre, convexe en avant, s'étendant sur la dent entière; la postérieure plus courte, plus oblique, à pointes saillantes, contournée par le sillon qui la sépare de l'antérieure.

Les *prémolaires* formées de deux crètes curvilignes concentriques, la crète externe cordiforme et à sommet très saillant, l'interne moins forte et séparée de la précédente par un sillon qui se prolonge en arrière, mais non en avant; les sommets des crêtes dirigés vers l'intérieur, et les bases vers l'extérieur.

Canines triangulaires, très fortes, à racines droites, très longues et très épaisses.

La supérieure, très acuminée, à bords carénés, obtus à la base, tranchants dans le reste de la couronne, implantée presque verticalement dans le maxillaire; l'inférieure arrondie en dehors, à bords tranchants sur les côtés, plate en dedans.

Incisives fortes, régulières, ailées, à pointe mousse, tout à fait semblables aux incisives supérieures des *Anthracotherium*, et aussi très voisines des incisives de l'*Anoplotherium;* la face externe convexe, la face interne plate, triangulaire et cordiforme; les supérieures avec une collerette en dedans, à la base de la couronne, les inférieures sans collerette.

Intermaxillaires, épais, non soudés entre eux, séparés en avant, arrondis et écartés en dessus, formant la portion horizontale et une partie au moins de la portion ascendante de l'échancrure nasale; suture avec le maxillaire presque verticale.

Maxillaire inférieur. Branche montante, large et mince comme dans les Palæothériums; partie antérieure courte, épaisse et élargie.

Membres postérieurs.

Fémur allongé, aplati d'avant en arrière, anguleux dans toute l'étendue du côté externe, très voisin du fémur des Rhinocéros, sauf pour l'articulation inférieure.

Tête regardant en haut, un peu plus élevée que le sommet du grand trochanter ; fossette du ligament rond, arrondie, peu profonde.

Grand trochanter, peu proéminent, duquel part une crête épaisse et saillante qui descend le long du bord et vient se perdre sur la face postérieure entre le petit trochanter et le troisième.

Petit trochanter peu saillant, peu détaché du corps de l'os, placé sur le bord interne à égale distance entre la tête et le troisième trochanter ; se continuant sous forme de crête allongée jusqu'au niveau de ce dernier.

Troisième trochanter, placé au milieu du fémur, très saillant, très aplati, recourbé en avant.

Corps de l'os quadrangulaire en bas, concave en avant, aplati en arrière.

Demi-poulie rotulienne large, très longue, à bords tranchants dans toute leur étendue et presque égaux, très analogue à celle des Damans, mais moins excavés, et à condyles plus rapprochés.

Membres antérieurs.

Humérus. — Connu seulement par un fragment de la tête articulaire et un fragment de la poulie cubitale ; de la taille de l'humérus des plus grands *Anoplotheriums*.

Radius. — Voisin de celui des Lophiodons ; deux facettes articulaires à l'articulation supérieure, la seule connue. L'une concave, très grande, occupant plus des 3/4 de la surface de la tête ; la plus petite plutôt convexe et déclive en bas. Bord cubital non échancré.

Caractères des deux espèces.

Nous renvoyons à la description détaillée que nous venons de donner des caractères spécifiques : nous ne rappellerons que les plus saillants.

1° Coryphodon eocænus, Owen. — Taille plus considérable d'un tiers environ.

Dernière molaire inférieure moins comprimée en arrière, sans échancrure superficielle ; première prémolaire à deux racines, moins tranchante en avant.

Arrière-molaires supérieures à racine interne plus épaisse, la dernière à couronne plus allongée transversalement.

Canine inférieure à bords moins tranchants.

Fémur plus aplati, à troisième trochanter moins saillant.

2° C. Oweni, Heb. — Dents à collines transverses en général plus saillantes. La dernière molaire inférieure plus comprimée en arrière, avec une échancrure latérale à l'angle postérieur interne, limitée en dessous par une saillie plissée de l'émail. Première prémolaire plus tranchante, surtout en avant, et à une seule racine.

Dernière molaire supérieure plus triangulaire.

Canines et incisives proportionnellement plus petites que les molaires par rapport au *C. eocænus*. La canine inférieure plus ailée.

Un grand nombre de débris de diverses parties du squelette des deux espèces nous ayant donné presque toujours le rapport de 3 : 4 pour les dimensions correspondantes, on pourrait en conclure que les sections étaient dans le rapport de 9 : 16, et les volumes, et par suite les poids des deux espèces, représentés par les nombres 27 et 64. Le *Coryphodon eocænus* devait donc être un animal d'un poids considérable, car bien certainement le *C. Oweni*, le plus petit des deux, était d'une taille supérieure au Tapir des Indes.

EXPLICATION DES FIGURES.

PLANCHE III.

(Toutes les figures sont de grandeur naturelle. Les lettres *a*, *b*, *c*, *d*, placées à la droite des chiffres, expriment : *a*, que la dent est vue de face, la couronne en dessus ; *b*, qu'elle est vue du côté externe ; *c*, du côté interne ; *d*, du côté postérieur.)

Molaires inférieures, fig. 1-12.

Fig. 1^{a}. *Coryphodon eocænus*, Owen, dernière molaire gauche. (Coll. de Verneuil.)
Fig. 2^{c}, 2^{d}. *C. eocænus*, autre dernière molaire gauche. (Coll. de Verneuil.)
Fig. 3^{a}, 3^{c}. *C. Oweni*, Héb., dernière molaire gauche. (Coll. École Normale.)
Fig. 4^{d}. *C. Oweni*, autre dernière molaire. (Coll. École normale.)
Fig. 5^{a}, 5^{b}. *C. eocænus*, deuxième arrière-molaire droite. (Coll. de Vern.)
Fig. 6^{a}. *C. Oweni*, deuxième arrière-molaire gauche. (Coll. E. N.)
Fig. 7^{a}, 7^{b}. *C. eocænus*, première arrière-molaire gauche. (Coll. de Vern.)
Fig. 8^{b}. *C. Oweni*, deuxième arrière-molaire droite. (Coll. E. N.)
Fig. 9. *C. eocænus*, quatrième prémolaire gauche. (Coll. du Muséum.)
Fig. 10. *C. eocænus*, troisième prémolaire droite. (Coll. du Muséum.)
Fig. 11. *C. eocænus*, deuxième prémolaire droite. (Coll. du Muséum.)
Fig. 12. *C. eocænus*, première prémolaire gauche. (Coll. de Verneuil.)

Molaires supérieures, fig. 13-21.

Fig. 13^{a}, 13^{b}, 13^{d}. *C. Oweni*, série des quatre dernières molaires gauches, provenant du même individu. (Coll. E. N.)
Fig. 14^{a}, 14^{b}. *C. eocænus*, troisième ou dernière arrière-molaire droite (Coll. de Vern.)

Fig. 15_a, 15_b. *C. eocænus*, deuxième arrière-molaire gauche. (Coll. Mus.)
Fig. 16^b. *C. eocænus*, autre deuxième arrière-molaire gauche. (Coll. de Vern.)
Fig. 17^a, 17^d. *C. eocænus*, première arrière-molaire droite. (Coll. Mus.)
Fig. 18^a, 18^d. *C. eocænus*, troisième prémolaire droite. (Coll. de Vern.)
Fig. 19^a, 19^d. *C. Oweni*, troisième prémolaire droite. (Coll. E. N.)
Fig. 20^a. *C. Oweni*, deuxième prémolaire droite. (Coll. E. N.)
Fig. 21^a. *C. Oweni*, première prémolaire droite. (Coll. E. N.)

PLANCHE IV.

(Toutes les figures sont de grandeur naturelle, sauf les figures 13_a, 13^b, 13^c, 13^d, 13^e, qui sont des réductions à moitié grandeur. Pour les figures relatives aux dents, les lettres *a*, *b*, *c*, *d*, ont la même signification que dans la planche précédente; *e*, indique que la dent est vue par le côté antérieur.)

Fig. 1^a, 1^b, 1^c, *Coryphodon Oweni*, Héb., première prémolaire inférieure gauche. (Collection de l'École Normale.)
Fig. 2^c. *C. eocænus*, Owen, canine supérieure droite. (Coll. de Verneuil.)
Fig. 3, *a*, *b*, *c*. *C. eocænus*, première incisive supérieure droite. (Coll. de Ver n.
Fig. 4, *a*, *b*, *c*. *C. eocænus*, deuxième incisive supérieure droite. (Coll. Muséum.
Fig. 5, *a*, *c*, *d*. *C. eocænus*, troisième incisive supérieure droite. (Coll. de Vern.)
Fig. 6, *a*, *c*, *e*. *C. Oweni*, deuxième incisive supérieure droite. (Coll. École Normale.)
Fig. 7^b. *C. eocænus*, première incisive inférieure droite. (Coll. Mus.)
Fig. 8^c. *C. eocænus*, première incisive inférieure gauche. (Coll. de Vern.)
Fig. 9^c. *C. eocænus*, deuxième incisive inférieure droite. (Coll. de Vern.)
Fig. 10, *a*, *b*. *C. eocænus*, deuxième incisive inférieure gauche. (Coll. de Vern.)
Fig. 11^b. *C. eocænus*, troisième inférieure gauche. (Coll. Mus.)
Fig. 12, *a*, *c*. *C. eocænus*, autre troisième incisive inférieure gauche. (Coll. de Vern.)
Fig. 13. *C. Oweni*, fémur gauche réduit de moitié. (Coll. Éc. Norm.)
13 *a*, le fémur, vu par le côté antérieur.
13 *b*, le même, vu par le côté postérieur.
13 *c*, l'articulation inférieure, vue en dessous.
13 *d*, l'extrémité supérieure, vue en dessous.
13 *e*, coupe par le milieu du troisième trochanter.
Fig. 14. *C. Oweni*, radius, tête supérieure. (Coll. Serv.)
14 *a*, Vu par le côté postérieur (face cubitale).
14 *b*, Face articulaire supérieure.

www.ingramcontent.com/pod-product-compliance
Ingram Content Group UK Ltd.
Pitfield, Milton Keynes, MK11 3LW, UK
UKHW021508260726
13993UKWH00004B/1608